一分钟学会

祝酒词

一书在手 祝酒无忧·创意金句 拿来就用

王密枢/编著

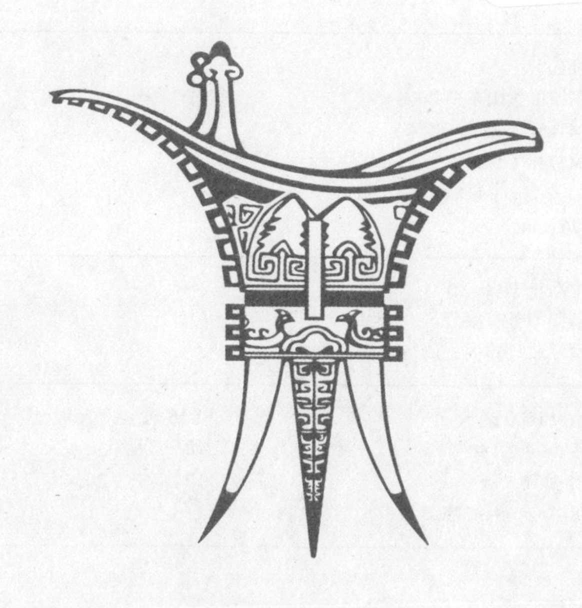

台海出版社

图书在版编目（CIP）数据

一分钟学会祝酒词 / 王密枢编著 . -- 北京 : 台海出版社 , 2024.1（2024.3 重印）
ISBN 978-7-5168-3779-5

Ⅰ . ①一… Ⅱ . ①王… Ⅲ . ①酒文化—中国②汉语—社会习惯语—汇编 Ⅳ . ① TS971.22 ② H136.4

中国国家版本馆 CIP 数据核字（2023）第 253759 号

一分钟学会祝酒词

编　　著：王密枢

出 版 人：蔡　旭　　封面设计：天下书装
责任编辑：魏　敏

出版发行：台海出版社
地　　址：北京市东城区景山东街 20 号　　邮政编码：100009
电　　话：010-64041652（发行，邮购）
传　　真：010-84045799（总编室）
网　　址：www.taimeng.org.cnthcbs/default.htm
E - mail：thcbs@126.com

经　　销：全国各地新华书店
印　　刷：三河市越阳印务有限公司
本书如有破损、缺页、装订错误，请与本社联系调换

开　　本：710 毫米 ×1000 毫米　　1/16
字　　数：150 千字　　印　　张：10
版　　次：2024 年 1 月第 1 版　　印　　次：2024 年 3 月第 2 次印刷
书　　号：ISBN 978-7-5168-3779-5

定　　价：59.80 元

祝酒词是在重大庆典或者友好往来的宴会上发表的讲话。在这样的场合，人们以酒为媒介，用热情的语言，表达自己美好的祝愿。祝酒不仅仅是简单的祝福，现在已经发展成为一种招待宾客的礼仪。主人和客人都可以致祝酒词。

祝酒词应该具有欢快、热情的基调。宴会是大家互相交流和祝福的场所，所以祝酒词应该以积极且温馨的语气来展现，让听众能感受到其中饱含的祝福之情。我们还可以使用一些俏皮、有趣的词语来增加祝酒词的活力，让整个宴会的氛围更加轻松活跃。

由于祝酒的场合比较热闹或者隆重，而大家又往往急于举杯相庆，所以祝酒词的篇幅不宜过长，语言要简洁且富有吸引力。同时祝酒词也可以充分发挥创意和展现个性，根据宴会的主题或者庆贺对象的特点来设计。比如新人婚宴祝酒词可以加入两人的爱情故事，生日宴会祝酒词可以加入对美好未来的期许，同学聚会祝酒词可以回忆青春往事，等等。

在婚宴上，新人的祝酒词可以表达自己对未来婚姻生活的向往，感谢亲朋好友对这段感情的支持。两位新人之间相识和相逢的小故事也可以跟宾客分享。亲朋好友的祝酒词则可以分享自己跟这对新人之间的故事，甚至可以是其他人不知道的无伤大雅的“糗事”，本质上都包含了对新人的祝福，所以轻松一些也无妨。

在职场宴会上，祝酒词就变成了一种社交话术，通过它，我们既要拉近自己跟同事、领导之间的距离，还要展现自己大方得体的形象。这种场合的祝酒词应该包含自己对同事和领导的感谢。我们要在致辞中回忆工作上受到帮助的细节，突出自己的真诚，同时还要展示自己谦虚的态度以及自己能够继续学习和进步的决心。

在商务活动当中，为了表达互相之间的尊重，祝酒词需要规范和正式一些。一般在商务宴会上大家都要展现自身的实力，所以祝酒词中可以简要概括一下我方迄今为止所获得的成就，以及对于今后双方的交流与合作表示期盼和祝福。

祝酒词总的来说是为了活跃宴会上的气氛，所以可以多使用一些富有节奏感的语句，多用简短且韵脚相同的句子，以增加祝酒词的韵律美，避免古板和生硬。

本书收录了大量祝酒词范文和多篇万能模板，让读者能更容易理解祝酒词的结构和逻辑，也能更有效和快速地将其应用到实际场景当中去。范文后的祝酒词佳句，可方便读者直接拿来使用。本书同时还辅以诙谐的漫画解读，让读者阅读起来不会枯燥无味，反而轻松有趣。

第一章 婚宴——高朋满座齐祝福

第二章 生日宴——分享每个年龄的美好

第三章 家庭节日聚会——共享团圆时刻

第四章 家庭宴客——亲朋好友齐相聚

第七章 社交聚会
——广交朋友，拓展交际圈

第八章 商务活动
——有礼有节才有好印象

第一章

婚宴——高朋满座齐祝福

1 婚宴祝酒词万能模板

一、开场称呼

尊敬的各位领导、各位长辈，各位亲朋好友

各位嘉宾，各位亲朋好友

二、表达欢迎

在这美好的日子里，我们的领导、同事和亲朋好友们，大家专程前来参加我们的婚宴，为我们带来了祝福和欢乐。我和我的妻子十分感动。在此，我们代表我们的家人向大家的到来，表示热烈的欢迎和诚挚的谢意！

（适用于新郎新娘祝酒词）

大家好！今天我的儿子与儿媳在大家的见证和祝福中幸福地结为夫妻，我和我太太十分激动。作为新郎的父亲，我首先代表我们全家向大家的到来表示衷心的感谢和热烈的欢迎！

（适用于新郎父母祝酒词）

三、回顾两人的相识

我和妻子相识于________年________月________日。到今天为止，我们已经相识了整整________年。________年来我们同甘共苦，留下了许多美好的回忆。在这个喜气洋洋的时刻，我终于实现了自己多年的梦想，那就是拉着自己最深爱的人的手，一起走入神圣的结婚礼堂，然后共同去创建一个美好家园。

（适用于新郎新娘祝酒词）

四、表达高兴

缘分使我的儿子与儿媳相识、相知、相爱，到今天结为夫妻。作为父母的我们，看着儿子从呱呱坠地到建立自己的家庭，心里有说不出的高兴。儿子能找到这么一位善良、温柔的伴侣，我们都替他高兴。

（适用于新郎父母祝酒词）

五、表达感谢

此刻我的内心，除了激动、开心和幸福，更多的是感谢。在这里，我首先要感谢我的岳父岳母。你们养育了________这样好的女儿，你们把我当作自己的儿子一样关爱，我不会辜负你们的殷切期望，我会做一个对家庭负责的好丈夫，对你们孝敬的好女婿，对儿女关爱的好父亲。

然后，我要感谢我的爸爸妈妈。你们含辛茹苦把我养大成人，如今我有了自己的事业，也建立了自己的小家庭，希望你们以后每天过得开心。爸爸妈妈，我爱你们。

我还要感谢我的老婆。你包容我所有的缺点，一直在我身边陪伴着我。我感觉自己是世界上最幸福的男人。

接下来，我还要感谢尊敬的各位亲朋好友，是你们让我感受到厚重的亲情和友情，我一辈子都会记得大家对我的爱护和帮助。

（适用于新郎新娘祝酒词）

非常感谢亲家为我们培养了一个这么优秀的女儿，我们会像对待自己的女儿一样对待她，不会让她在我们家受到半点委屈。

（适用于新郎父母祝酒词）

六、对新人的寄语

衷心希望儿子、儿媳同甘共苦，祝福你们永结同心，百年好合。也希望你们照顾好自己的身体，以事业为重，有时间常回家看看。从今以后，希望你们能够互敬互爱，互谅互助，用自己的聪明才智和勤劳的双手创造自己美好的未来。

（适用于新郎父母祝酒词）

七、表达祝愿

从今天开始，我们会通过彼此勤劳的双手和智慧去创造美满幸福的家庭。最后，请大家与我们一起分享这幸福快乐的时光，同时祝大家万事如意、心想事成、家庭幸福！

谢谢！

（适用于新郎新娘祝酒词）

最后，我再次对大家的到来表示衷心的感谢，祝愿所有亲朋好友身体健康、万事如意！谢谢大家！

（适用于新郎父母祝酒词）

新郎新娘祝酒词

新郎新娘的祝酒词，应该包含感谢和许诺这两种。首先是感谢自己父母的养育之恩，其次是感谢对方父母，再次是向对方和双方父母许下承诺，最后是感谢亲朋好友出席婚礼，对大家致以祝福。

范文

活动：某新人结婚典礼

致辞人：新郎

各位来宾，各位亲朋好友：

大家好！

感谢各位今天能在百忙之中光临我和______的结婚典礼。现在我的心情无比激动、无比幸福，迫不及待地想和大家分享我们的喜悦。今天是我终生难忘的日子，这个日子不仅属于我和______，也属于我们双方的父母。

借此机会，我要真诚地感谢父母将我养育成人，还要感谢我的岳父岳母，培养出______这么好的女儿，并且放心地交给了我。我会好好珍惜、疼爱她，做个好丈夫。

结婚之前，我们虽然早已经长大成人，但是在父母的眼中仍然是个孩子。不过，从今天开始，我们就要有自己的小家了，希望爸爸妈妈放心，也请岳父岳母放心。我们会以你们为榜样，建立起和谐幸福的小家庭，不辜负父母对我们的期望。

时间过得好快，两年前，我和______刚刚认识。转眼间，我们就走进了婚礼的殿堂。在这里，我要告诉______，未来的日子里，我会为你遮风挡雨。希望你相信，我们可以通过自己勤劳的双手过上幸福美满的生活。我永远爱你！

最后，感谢各位亲朋好友的祝福！祝愿所有参加婚礼的亲朋好友们万事如意、身体健康！再次感谢你们的到来！谢谢！

祝酒词佳句

新郎经典祝酒词

1. 人生能有几次最幸福、最难忘的时刻？此刻我的内心无比激动、无比幸福。今天是我一生都难以忘怀的一天。
2. 岳父岳母，请你们相信，我会永远深深爱着我的妻子。我们会通过勤劳的双手，创造幸福美满的家庭。
3. 在以后的日子里，我会加倍地关心和爱护______，我会永远地爱她、疼她！
4. 今天是我感觉最美好的日子，因为我娶媳妇了！而且还是一位漂亮能干的媳妇。
5. 我终于完成了结婚这项光荣而又艰巨的任务，我现在又激动又紧张，请大家原谅。

新娘经典祝酒词

1. 非常感谢各位嘉宾参加我们的婚礼，给我们的婚礼带来了欢乐和喜悦，也带来了你们美好的祝福。有你们的见证，我们的婚礼才是完整的。
2. 我今天终于结婚了，首先要感谢我的父母，是你们将我抚育成人。
3. 我还要感谢我的公公婆婆，谢谢你们给了我一个这么优秀的老公。
4. 感谢我的老公，因为与你携手到老是我今后实现所有人生梦想的前提。有幸成为你的妻子，我很高兴，很幸福！
5. 刚刚的婚礼我真是又激动又紧张，现在希望大家尽情享受我们为大家准备的婚宴佳肴，分享我们新婚的喜悦。

3

新郎父母祝酒词

新郎的父母在向新人致辞时，关键是要大气，可以表达出自己激动的心情，但是一定要表示对大家的感谢和祝福，还要对两位新人提出要求和表达祝福。作为新郎的长辈，在结婚致辞中可以向新娘的家人致以谢意，感谢对方培养出优秀的女儿。

范 文

活动：某新人结婚典礼

致辞人：新郎的父亲

尊敬的各位来宾，各位亲朋好友：

大家好！

我是新郎______的父亲。今天是我儿子______和儿媳______结为夫妻的大喜之日。此刻，我们全家人的心情无比激动。我首先要代表我们全家，向各位来宾的光临表示热烈的欢迎和万分的感谢！

今天不仅是一个喜庆的日子，还是一个新家庭诞生的日子。办完这场婚礼，也了却了我们的心事。我想跟儿子说，从此刻开始，我们的重担已经卸下，今后就要看你自己的了。

我还要感谢两位亲家，把女儿培养得这么优秀。她能嫁到我家来，是我们的福气。我希望我儿子能懂得珍惜，做个好丈夫，疼爱妻子，这才是男子汉！

我由衷地希望两个年轻人，从今以后互敬互爱、互助互谅，无论是贫穷，还是富有，都要一生一世、一心一意。除此之外，我还希望你们能够做到孝顺双方的父母，经常回家看看。最好能早日完成国家下达的“指标”，让我们早点儿抱上大胖孙子。

在座的各位亲朋好友，感谢大家多年来对我们一家的关心和帮助。我在此拜托大家，希望在今后的日子里，大家能继续关心和爱护这两个孩子，向大家鞠躬！

最后，再次祝各位亲朋万事如意，请大家开怀畅饮！谢谢！

祝酒词佳句

新郎父亲经典祝酒词

1. 我要对儿子、儿媳说：从今天以后，你们就长大成人了。在今后漫长的人生旅途中，希望你们同心同德，同甘共苦，同舟共济。
2. 儿子成家立业，是我们多年来的心愿。之前，看到______和______相知相爱，我们很高兴。今天，看到他们携手走上红毯，我们更加高兴。
3. ______和______，希望你们珍惜相亲相爱的点点滴滴，这是你们婚后一份珍贵的财产。
4. 希望你们谨记，今天的牵手意味着责任、义务、信任和忠诚，在以后的日子里要多一点宽容和体贴，多一点关心和体谅。

新郎母亲经典祝酒词

1. 我要向亲家表示衷心的感谢，感谢你们养育了这样一位让我们称心如意的女儿。
2. 祝愿真挚的爱情伴随你们一生，你们一生快乐幸福是我们最大的心愿。
3. 在茫茫人海能找到你的真爱，说明是一段幸福的姻缘，祝你们新婚快乐、白头偕老、幸福美满！
4. 盼望你们携手百年，恩爱幸福，在未来的岁月里，能够勤俭持家，心往一处想，劲儿往一处使。

4

新娘父母祝酒词

新娘的父母在发言时，首先要感谢各位嘉宾的到来，表示自己很开心，让在座的所有人都感受到自己嫁女儿的喜悦之情。另外，新娘的父母还可以具体地向大家介绍一下自己的女婿，最后对两位新人表示衷心的祝福和由衷的期望。

范 文

活动：某新人结婚典礼

致辞人：新娘的父亲

各位来宾，各位至亲好友：

今天是我女儿和女婿的结婚典礼。在这个良辰吉日里，我和我的亲家都感到非常高兴。承蒙在座的各位来宾在百忙之中能够到来，我们感激不尽。

看到女儿找到了一个好归宿，我十分欣慰。我的女婿聪明上进，有才华，有能力，最难得的是非常有责任感，是个优秀的丈夫，我非常满意。

女儿是我的宝贝。我们希望她能像普通人一样享受做妻子、做母亲的幸福和快乐。女婿，今天我把女儿交给你，希望你能保护她、爱惜她，撑起你们的小家。

我对你们还有两点期望。第一个，希望你们互相包容、体谅对方。特别是我的女婿，根据我的切身体会，送给你四个字——难得糊涂。大家都糊涂一点，就不会总是感觉“蓝瘦”“香菇”了，这样家庭才会和谐。

第二个，回家少“抱”手机，多抱老公、老婆和书本。共同学习，共同进步。

就说这些吧，祝你们心心相印、白头偕老！希望大家在这里吃得开心、玩得开心！

祝酒词佳句

新娘父亲经典祝酒词

1. 我想送给女儿、女婿一句话：“心心相印，心系一处，经营爱情，经营婚姻。”
2. 希望你们用心呵护你们的爱情、你们的婚姻和你们的家庭，努力使你们的爱情之花常开、婚姻之树常青。
3. 女儿结婚是父亲最感慨的日子。在感慨之余，我还是要祝福我的女儿，也感谢我的女儿，你让我感到很骄傲、很幸福！
4. 我衷心希望你们事业上波澜壮阔，家庭里风平浪静，生活中白头偕老，一辈子幸福安康！

新娘母亲经典祝酒词

1. 婚姻生活很漫长，不光有花前月下的卿卿我我，更有过日子的柴米油盐，希望你们在生活中互相尊重，互敬互爱，互谅互让。
2. 女儿小的时候总盼望着她快点长大，今天当她身披婚纱嫁人的时候，我才突然感觉到她真的长大了。
3. 此刻，在我感到欣慰的同时，一种不舍和无奈的感觉悄然而生，那种感觉真的是感慨万千，无以言表。
4. 良缘由夙缔，佳偶自天成。我祝愿你们，今日赤绳系足，来日白首齐心！

1
给您道个歉，喜酒让您吃晚了，喜糖给您发晚了，随礼价码也涨了，对不住您了！
新郎XXX
新娘XXX
结婚典礼
我从十多年前就等着吃你的喜酒啦，今天终于等到了。
2
新郎XXX
新娘XXX
结婚典礼
你应该做好准备了吧?
我早就做好被你们灌醉、灌晕的准备了，希望各位坚持到底。
3
我现在可是已婚人士了，以后超过晚上8点的聚会就不要叫我了。
行，懂你的意思。你多“保重”吧。
4
新郎XXX
新娘XXX
我早就知道你们等不及了，放马过来吧!
你终于过来了，等你好半天了!

5

伴郎伴娘祝酒词

婚礼当天，伴郎伴娘致辞的主要内容，就是要告诉所有的人，新郎新娘是多么优秀，他们的结合简直是天作之合，将来必定美满幸福。最后，伴郎伴娘要对新郎新娘表达祝福之情，对参加婚礼的来宾们表示感谢。

范文

活动：某新人结婚典礼

致辞人：伴娘

尊敬的各位来宾，朋友们：

大家好！

我叫______，是新娘______的大学同学。今天我很荣幸能够担任新娘______的伴娘，见证她幸福的时刻。

四年的相处让我们成为无话不谈的朋友。我们喜欢一起谈论感兴趣的话题，也喜欢一起逛街、旅行，我们有很多共同的美好回忆。当她邀请我过来当她的伴娘时，我心中十分高兴，毫不犹豫地就答应了。

______美丽大方、贤惠温柔，是贤妻良母的完美人选。今天，你终于穿上嫁衣，嫁为人妇。恭喜你梦想成真，嫁给爱情，婚后生活幸福甜蜜。

新郎______是个厨艺精湛、温暖体贴的人，从他这张“国泰民安”的脸就可以看出来，他每天都心情舒畅。今天是你们的婚礼，闲话不多说，我只送给你三个第一：在家老婆第一，在外家庭第一，婚后赚钱第一。

最后，让我们为这对新人送上祝福，希望他们的爱情能够坚如磐石，希望他们在以后的日子里同甘共苦，过好自己的小日子。祝愿新郎新娘白头偕老，也祝愿大家万事如意！

祝酒词佳句

伴郎经典祝酒词

1. 兄弟，新婚大喜，祝你们百年好合，幸福到白头！美好的日子，从此刻开始；幸福的时光，与你们一生相随。
2. 作为你的伴郎，我为你感到骄傲，祝愿你和新娘的爱情永远如初，祝愿你们共度美好的今生！
3. 在这个特殊的日子里，祝福你和新娘在今后的日子里甜蜜无比，共同创造美好的未来。
4. 以爱情的名义祝福你们，以岁月的名义祝福你们，祝你和新娘的爱情不论经历多少风雨，都能牢牢相守。

伴娘经典祝酒词

1. 今天是你们的大喜之日，我作为伴娘，祝愿新娘和新郎永浴爱河，早生贵子！
2. 花好月圆，喜事连连，我祝你们的爱情牢不可破，婚姻坚不可摧，心心相印，长相厮守。
3. 你们本就是天生一对、地造一双，而今喜结良缘，今后更须同甘共苦、不离不弃。
4. 因为有缘，所以结缘；因为有分，所以不分。祝愿你们幸福快乐永相伴！

6

新郎新娘好友祝酒词

作为新郎新娘的好朋友，致辞时可以先表达自己喜悦的心情，接下来可以介绍一下自己和新郎或是新娘的亲密友谊，然后向宾客夸奖一下新人的优点。在结尾处，可以表达非常希望能和新郎新娘继续保持友谊，也可以直接表达祝福。

范 文

活动：某新人结婚典礼

致辞人：新郎好友

各位来宾，女士们、先生们：

大家好！

今天是我好朋友______的大喜之日。在一个月前，我就收到了请柬，之后一直望眼欲穿。现在终于来到婚礼现场，我的内心十分激动。

我和新郎______认识______年了，从______起就是好朋友。他开朗乐观、善良朴实，从今天来参加婚礼的人数，就能看出他的人缘很好。现在这样的优秀男人不多了，新娘，你的眼光不错。他一直都是我学习的榜样。为了赶上他，我一直在他后面紧追不舍，没想到他连结婚也在我前面，这让我充满了危机感。

作为这对新人恋爱过程的旁观者，我有幸目睹了你们从相爱一直到结婚的过程，看你们一起欢乐，一起悲伤。今天你们终于走到了一起，这让我相信了什么叫作不离不弃、风雨同舟。我为你们感到开心。

今天我来到这里，除了要向你们表达我的祝福之外，还要沾沾你们的喜气。希望在不久的将来，我也能站在台上，听到你们对我说几句祝福的话。所以，现在我要规规矩矩地祝福你们白头到老、永结同心，希望你们人丁兴旺，赶快生娃，也祝在座的各位合家幸福、万事如意！谢谢大家！

祝酒词佳句

新郎好友经典祝酒词

1. 金玉良缘，天作之合；郎才女貌，喜结同心。祝福新郎新娘新婚愉快，共享幸福！
2. 愿你俩彼此互相体谅，共同分享生活的苦与乐，敬祝百年好合、早生贵子！
3. 婚礼虽然是一时的，但是相爱却是一辈子的。愿你们幸福美满一生一世！
4. 你终于迎来单身的终点，幸福的起点，我真诚地祝福你们新婚快乐、甜蜜美满！

新娘好友经典祝酒词

1. 今天你成了最美丽的新娘，明天你将成为最幸福的女人。愿你们家庭幸福、婚姻美满！
2. 因为你们彼此相爱，所以你们有了婚姻。祝你们相亲相爱，携手共创美好生活！
3. 我最好的姐妹，最美的新娘，愿所有的美好都属于你，祝你新婚大喜、百年好合！
4. 恭喜你找到终生的伴侣，从此一生有人相依。祝愿你们夫妻同心、鸳鸯比翼！

新郎新娘领导祝酒词

领导在参加员工的婚礼时，最重要的是要多说一说新郎或新娘在工作中的表现，给予新人肯定和鼓励，还可以夸奖新郎和新娘，然后对新人致以诚挚的祝福，表达殷切的期望。在遣词造句上可以正式一些，也可以平实一些，不要过于文绉绉。

范 文

活动：某新人结婚典礼

致辞人：新郎领导

各位来宾，各位朋友，女士们、先生们：

你们好！

今天我代表新郎______的工作单位在此讲几句话。首先，我要代表公司的全体员工，给两位新人送上最诚挚的祝福。

新郎______先生是我们公司里不可多得的人才，他勤奋好学，工作积极，业绩在整个公司里数一数二，广受好评。看到这样一位优秀的小伙子，能够凭借着自己的实力赢得一位姑娘的芳心，我为他感到由衷的高兴。

在见到新娘之前，我就认为这个姑娘一定是既美丽又可爱。今天一见，新娘果然美丽大方、知书达礼。这两个新人的结合真可谓是“天生一对，地造一双”。

作为新郎的领导，我除了替你们开心之外，还要向你们表达美好的祝愿。希望你们在今后的生活中，一要互相关心，互相爱护，经营好自己的婚姻和家庭；二要互相理解，互相信任，在事业上齐头并进；三要孝敬父母，百善孝为先。

最后，衷心祝福两位新人，感情像钻石般永恒，事业像黄金般灿烂，携手走向美好的未来！多谢大家！

祝酒词佳句

领导经典祝酒词

1. 新郎是我们单位非常优秀的员工，这个小伙子勤劳能干，为人和善。我相信，他以后肯定前途无量。
2. 新娘温柔贤惠，新郎在事业上的成就，肯定离不开新娘的支持。我在这里代表新郎的单位，希望新娘能成为新郎的“贤内助”。
3. 结婚是人生最重要的分水岭，结了婚就有了牵挂、责任、担当和羁绊，但这羁绊也是幸福和快乐的。希望你们学会珍惜。
4. ______在公司是中流砥柱，新娘美丽大方，两个人的结合也是一段佳话。在此，我祝愿才子佳人今后和和美美，永结同心！
5. 婚姻是一份承诺，更是一份责任，愿两位新人从此谦让包容，互敬互爱，生活像蜜一样甘甜，爱情像钻石般永恒，事业像黄金般灿烂！
6. 正所谓千里姻缘一线牵，作为女方单位领导，我代表我单位恭祝新人新婚幸福，祝愿这一对有情人百年好合，恩爱到白头！

1
岳父岳母，感谢你们把女儿嫁给我！
我女儿若掉一滴眼泪，你可想好了！

2
我想好了，只让她掉幸福的眼泪！
当然可以！

3
作为新郎的朋友，又是已婚人士，你对新郎有什么建议吗？
老婆和你吵架时，你就听歌：挨骂时就听《沉默是金》，挨揍时就听《越伤越爱》。

4
那要是老婆让他跪搓衣板时听什么呢？
跪搓衣板时就听《倍儿爽》。

第二章

生日宴——分享每个年龄的美好

1

生日宴祝酒词万能模板

一、开场称呼

各位长辈，各位来宾

尊敬的女士们、先生们，亲朋好友们

尊敬的各位长辈，各位好友

二、表达欢迎

大家好！首先我代表我们全家对各位的光临表示衷心的感谢！谢谢你们从百忙之中抽出时间来参加我儿子______岁的生日宴会，感谢大家！

（适用于父母的祝酒词）

今天是一个特别的日子，是一个属于我母亲的日子。首先，让我们以最热烈的掌声祝福母亲生日快乐！同时，我代表母亲及全家向光临寿宴的各位宾朋致以衷心的感谢和崇高的敬意！

（适用于子女的祝酒词）

今天，是我______岁的生日，感谢各位亲朋好友的光临，使我的生日过得快乐又充实。今天过这个生日，并不是什么大寿，因为我还年轻，人生之路还任重道远。

（适用于寿星本人的祝酒词）

三、回顾孩子的成长

______年的寒暑更迭，______年的含辛茹苦，令我感慨万千。弹指一挥间，______年就过去了。回首往事，孩子呱呱坠地，仿佛就在昨天。再看眼前，他已经长成一个聪明、活泼的孩子了。此时此刻，我很感动。

（适用于父母的祝酒词）

四、表达感谢

在这______年里，______离不开各位长辈的关怀厚爱，离不开各位朋友的帮助陪伴。在此，我和全家再次表示诚挚的谢意！我诚心希望各位亲朋好友，在______今后的成长旅途中，一如既往地给予他关心与关爱，支持与鼓励。

（适用于父母的祝酒词）

天底下最伟大、最无私、最崇高、最温暖的就是母爱。我的母亲一辈子含辛茹苦、呕心沥血地哺育我，供养我读书学习。她勤劳节俭、宽容忍让、豁达大度、淳朴善良，这些珍贵的品质给了我战胜困难的勇气，也给了我幸福平安的生活。我将永远铭记母亲的养育之恩。

（适用于子女的祝酒词）

今天在这里我最想说的是感恩。我要感谢我的母亲在______年前不辞辛苦地生下我，我要感谢我的父母______年对我朴素真挚的教育，我要感谢我的岳父岳母将温柔贤淑的妻子嫁给我，感谢妻子______年来对我风雨相伴、不离不弃，感谢我可爱的孩子让我尽享天伦之乐。

我还要感谢在座的各位亲朋好友陪伴我走过风雨、共享欢乐，是你们让我的生活过得精彩而充实。今天借这个机会，我要对大家说声谢谢！

（适用于寿星本人的祝酒词）

五、对孩子的寄语

作为父母，我们要对______说，感谢你给我们带来的幸福快乐和充实的生活。我们不求你十全十美，只求你健健康康；不求你出人头地，只求你快快乐乐。希望你在亲朋好友的关爱下健康成长，快乐成长。

（适用于父母的祝酒词）

六、表达祝愿

最后，祝愿所有亲友和来宾身体健康、生活幸福、事业发达、万事如意！希望大家今天过得开心！

（适用于父母的祝酒词）

值此母亲寿辰，敬祝您健康长寿，永远快乐！祝愿各位亲朋好友身体健康、万事如意！最后，再次感谢大家的光临，祝大家笑口常开、阖家欢乐！

谢谢大家！

（适用于子女的祝酒词）

多谢了，我的家人们，各位亲人朋友们！多谢你们的教育培养，多谢你们的关心厚爱，多谢你们的宽容理解。人生道路有你们，我将无所畏惧！真诚地祝愿大家身体健康！笑口常开！万事如意！生活幸福！

（适用于寿星本人的祝酒词）

2

宝宝周岁生日宴祝酒词

父母在宝宝的周岁宴上致辞时，首先要对来参加宴会的各位亲朋好友表示感谢，以示礼貌，而且千万不要忘记感谢另一半和双方的老人。最后，表达对宝宝的祝福和期望，向所有来宾致以祝福。

范文

活动：儿子周岁生日宴

致辞人：父亲

各位长辈，各位亲朋好友们：

在我儿子______一周岁生日之际，感谢大家在百忙之中前来祝贺。我先代表我们全家对大家表示最热烈的欢迎！

此时此刻，我的心情非常激动。一年前的今天，我和我的妻子怀着喜悦的心情迎来了我们爱情的结晶。儿子的到来，给我和妻子的生活带来了很多欢乐。

虽然我和妻子成为父母的时间不长，但是我们已经深刻地理解到“养儿方知父母恩”这句话的含义。在此，我要感谢我的爸爸妈妈和岳父岳母，向你们深深鞠躬。有了你们的照顾和养育，______才能健康茁壮地成长。

我还要感谢我的妻子，是她忍受十月怀胎的辛苦，把可爱的儿子带到我的身边，我也要给你鞠一躬。

另外，各位亲朋分享给我们很多育儿经验。在此，我一一谢过，给大家鞠躬，感谢大家对宝宝的关心和爱护。

尽管现在______还小，还在牙牙学语、蹒跚学步，但是我相信，有他的爷爷奶奶、外公外婆，和我们做父母的给他的关爱，还有这么多叔叔阿姨给他的支持，他一定能够快乐成长。我和妻子会竭尽所能给他创造最好的条件，让他拥有最美好的人生。加油，儿子！你是我们全家的骄傲。

我代______感谢大家对他的美好祝福，也代表我们全家祝福各位亲朋好友生活幸福、万事如意！干杯！

祝酒词佳句

父母经典祝酒词

1. 祝我们的宝宝一生平安喜乐，健康成长，未来可期！
2. 宝宝今天一周岁了，感谢上天把你赐给了我，有你真的很幸福。亲爱的宝贝，爸爸妈妈永远爱你！
3. 不管你未来是平凡还是优秀，妈妈只希望你健康成长，轻松快乐过一生。

祖父母经典祝酒词

1. 我们家从今以后又多了一个纪念日，那就是宝宝的生日。希望宝宝茁壮成长，幸福快乐！
2. 我家的小宝贝已经健康成长起来了，度过了他的第一个春夏秋冬。希望我们的小宝贝快快地成长，健康可爱。
3. 这一年来，我们每天看着你的笑容，听着你的声音，我们感觉无比快乐，祝我们的宝贝生日快乐，幸福永远！
4. 家生一宝，万事皆好，祝宝宝生日快乐，每一天都快乐！

来宾经典祝酒词

1. 祝宝宝天天像花儿一样绽放，像阳光一样灿烂，健康快乐地度过每一天！生日快乐！
2. 愿宝贝在今后的成长道路上一帆风顺、福星高照，朝着确定的目标，飞向美好的人生！
3. 在这幸福的时光里，祝宝宝生日快乐！希望未来的日子里，你能快乐成长，有个美好的童年。

3

孩子 12 岁生日宴祝酒词

12 岁的生日宴在孩子成长过程中具有特别的意义，要让孩子终生难忘，并充分感受到来自家庭的温暖和关怀。这时的祝酒词要体现 12 岁的特殊之处，要感谢亲友们对孩子的关心和爱护，还要感谢孩子的老师和同学。

范 文

活动：儿子 12 岁生日宴

致辞人：母亲

各位亲友：

大家好，今天是我们家______12 岁的生日。作为父母，我们非常高兴。

12 岁是一个非常美好的年龄，是人生旅途中的一个里程碑。今天我们欢聚一堂，就是想一起分享孩子成长的快乐，一起见证孩子成长的足迹。我们也想让孩子知道，在他成长的道路上，有这么多亲人、朋友默默地关心着他，爱护着他！

12 年前出生的一个小婴儿，整个人跟一只小猫差不多大，如今已经长成了一个天真烂漫、健康快乐的少年，已经比我还高了！看着他一天天长大，想到他再过几年就会离开家去上学、去工作，我是既高兴又舍不得。

12年寒来暑往，12年风霜雨雪，12年含辛茹苦，12年春华秋实。在今天这样一个特殊的日子里，孩子，我想对你说：

你给了妈妈很多不可或缺的人生体验！妈妈的生命里，因为有了你而更有意义；妈妈的生活里，因为有了你而更加鲜活有趣。你带给妈妈的每一份感动和惊喜都是妈妈最为宝贵的财富。

孩子，不管你以后的人生取得多大的成绩，收获多大的幸福，你都不要忘了，有这么多人在为你高兴，为你加油鼓劲。我们是你永远的支持者和最坚强的后盾！

最后，让我们共同举杯，祝今天的小寿星生日快乐，一生顺遂！

祝酒词佳句

父母经典祝酒词

1. 这香甜的蛋糕代表你今后的生活甜甜蜜蜜，这红红的烛火能照亮你今后的似锦前程，这柔美的旋律能舞动你的人生，这悦耳的音乐能唱响你的未来。祝你生日快乐！
2. 孩子，你已经 12 岁了，希望你还能保有那份童真，快乐地成长。祝你生日快乐！
3. 今天是你的 12 岁生日，祝愿烛光带给你无限的福气，希望送给你无尽的运气，12 岁生日快乐！
4. 在座的很多亲友，都是看着孩子长大的，我在这里感谢大家这么多年来对孩子的关心和帮助。
5. 感谢孩子的老师这六年来对孩子的鼓励和栽培，感谢孩子的好友多年来给孩子的陪伴和照顾。你们的关心和照顾，我铭记在心。

来宾经典祝酒词

1. 愿你在以后的人生道路上学业有成、前程似锦，长大之后尊老爱幼、孝敬父母，争做国家栋梁之材！
2. 孩子，从今天开始，你的童年生活即将结束，你将步入少年时代，希望你能够做一个真正独立的人。
3. 在你成长的道路上，你会遇到各种各样的困难，希望你能坦然面对，做一个快乐的人。
4. 学习是人立足社会的根本，希望你时时处处勤奋努力，学而不倦，一生进取。
5. 孩子，希望你勇敢、自信，祝愿你一生充满阳光，快乐成长！

4 孩子 18 岁生日宴祝酒词

18 岁是一个人成年的标志。父母在设宴庆祝孩子 18 岁生日时，可以表达出自己的喜悦之情。如果是父亲致祝酒词，可以提出今后对于孩子的要求，同时提醒孩子养成良好的行为习惯和树立正确的人生态度。如果是母亲致祝酒词，可以适当地回忆下自己在养育孩子过程中的欢乐与艰辛。

范文

活动：女儿 18 岁生日宴

致辞人：母亲

各位亲朋好友：

大家好！

今天是我女儿______的 18 岁生日，是她人生的新起点。我们全家在此略备薄酒，感谢大家和我们一同分享这份快乐。

在我这个母亲的印象里，______永远是那个需要我照顾的小孩。可是经过 18 年精心的培养，她已经长成亭亭玉立的大姑娘，如今正式迈入成年人的行列。作为父母，最喜悦的事情莫过于此。

今天的宴会，除了庆祝______成年之外，还要向大家宣布，______已经圆满地完成了高中阶段的学业，在今年的高考中被______大学录取，即将进入大学深造。我们全家都为她感到开心。

望子成龙，望女成凤，作为父母，谁不希望自己的子女有出息呢？在这个特殊的日子里，我们要送给______两件礼物。第一件是走出家门的行李箱，我们和奶奶、外婆已经亲手为你准备好了，希望你带着我们的关爱和牵挂开始大学生活。

第二件是大学四年的学费和生活费。为了让你安心读书，爸爸妈妈早已为你积攒下这笔费用，希望你能把钱用在该用的地方，不该花的地方不要乱花。

从此你要独立走上社会，希望你用乐观、感恩的心去面对自己的人生，靠自己踏踏实实地走好每一步。我们是你永远的支持者和坚强的后盾。

最后，祝我女儿生日快乐！祝各位亲友身体健康！谢谢！

祝酒词佳句

父母经典祝酒词

1. 18 岁是你人生一个新的里程碑、重大转折点、新起点。你将告别任性、依赖，挑起自己命运的重担而独立前行！愿你在今后的人生道路上，能够勇敢地去迎接新的挑战和机遇。
2. 18 岁的你，已经长大成人，希望你在未来的道路上勇往直前。
3. 谢谢你，儿子。感谢你 18 年来陪伴我们走过的每一天。是你的诞生，给我们这个家庭带来了无尽的欢乐，祝你生日快乐！
4. 把最好的生日祝愿，送给最贴心的女儿。希望你的明天比今天更好，每天笑靥如花。
5. 18 岁，是太阳初升的年龄，希望你像朝阳一样，拥有火红的青春。

来宾经典祝酒词

1. 希望你在以后的人生道路上，能够飞得更高、走得更远，一路拼搏，一路精彩！
2. 恭喜你今天进入了成年人的行列，希望你能坚定地追寻自己的理想，创造属于自己的精彩人生。
3. 18 岁是人生的一个重大转折点，愿你未来的道路一帆风顺，充满喜悦和收获。
4. 18 岁，是生活的新篇章，希望你做个自强自立的人，更好地去面对未来的人生和社会。
5. 18 岁，花一般的年龄，梦一样的岁月，愿你好好把握，好好珍惜，珍惜青春，珍惜岁月，生日快乐！

5

父母寿宴祝酒词

在父母的寿宴上，儿女要先向父亲或母亲表达祝福，可以回忆年幼时父母对自己的照顾，父母年轻时的工作业绩和辛勤劳作，父母对自己的养育之情，最后感谢父母的养育之恩。

范文

活动：父亲 60 岁寿宴

致辞人：儿子

尊敬的各位长辈，各位亲朋好友：

大家好！

生活中有很多事情是可以忘记的，但是父母的生日是不应该忘记的。因为没有父母，就没有我们，更没有我们拥有的一切。今天是我一辈子都不会忘记的日子，因为今天是我父亲 60 岁的生日。

在这里，我要代表我的父母以及我的其他家人，向所有光临寿宴的客人们表示诚挚的感谢。同时，我由衷地向父亲道一声：爸爸，您辛苦了！儿子祝您永远健康、长寿！

父亲是个勤劳、善良、淳朴、宽厚的人。他和母亲为了养育我，几十年含辛茹苦、勤俭持家，几乎耗尽了自己的全部。他们给予我的，不仅仅是物质财富，更多的是辛苦奋斗、自强不息的精神动力。

现在，父母的心血总算没有白费，我早已经长大成人，立业成家，但是父母依然在为我操心。

爸爸，您的辛苦和劳累，您的爱，我一辈子都难以回报。让我代表我的妻子儿女向您鞠躬，请您相信，我一定不会让您失望。在我的努力之下，我们的家业一定会蒸蒸日上、繁荣兴盛，您和母亲一定会健康长寿、幸福安康！

咱们来干一杯吧，祝愿父亲福如东海、寿比南山，也祝愿各位来宾家庭幸福、万事如意！

祝酒词佳句

儿女经典祝酒词

1. 天增岁月人增寿，春满乾坤福满门。愿您增福增寿增富贵，添光添彩添吉祥！
2. 今天是我父亲______岁大寿，父亲的养育之恩，女儿没齿不忘。值此父亲寿辰，敬祝您福体康泰、福寿绵绵！
3. 满头华发是您操劳的见证，微弯的脊背是您辛苦的身影。今天是您______岁生日，我衷心地祝愿您，我的母亲，生日快乐！
4. 健康就是幸福，祝您乐观长寿，福如东海长流水，寿比南山不老松。
5. 今天我们欢聚在此，庆贺您的______岁生日，祝您快快乐乐每一天，健康长寿，幸福安康。

孙辈经典祝酒词

1. 夕阳无限好，老人是块宝。日日月月福无边，年年岁岁都平安。家和人和，和和美美；家事外事，事事如意！
2. 亲爱的爷爷，向您送上最真诚、最温馨的祝福，祝您福寿与天齐，幸福满家园；子孙绕膝福气多，日月增辉年寿长！
3. 祝福老寿星生命之水长流，生活之树常青，寿诞快乐，如意吉祥，晚年幸福，健康长寿！
4. 祝您生日快乐，笑口常开，长命百岁，老当益壮，年年有今日，岁岁有今朝！
5. 您是大树，为我们遮蔽风雨，您是我们家的骄傲。祝您鹤发童颜，益寿延年！

谢谢大家参加我妈妈的生日聚会。
寿
我作了一首诗送给伯母。第一句——这个老娘不是人。

你怎么骂人呢?
寿
别着急啊，还有下一句呢——九天仙女下凡尘。

吓死我了。
寿
后面还有——生个儿子却做贼。

你怎么连我也骂呢?
寿
最后一句——偷得蟠桃献娘亲。

6

寿星祝酒词

生日宴上，寿星本人发表祝酒词是件必不可少的事情。寿星的祝酒词，可以首先强调年龄的意义。如果是年轻人，要注重成长和对未来的期待。如果是中年或老年人，要注重回顾过去的岁月和珍惜当下。

范文

活动：某女士 30 岁生日宴

致辞人：寿星

各位来宾，各位亲朋好友：

今天是我 30 岁的生日，感谢大家来给我过这个生日。

都说 30 岁是美丽的分界线。30 岁前的美丽是青春，是容颜，是终会老去的美丽；而 30 岁后的美丽，是气质，是内涵，是经久不衰的魅力。

30 岁，没有 20 岁的天真烂漫，也没有 25 岁的争强好胜，更多的是一种处变不惊的自信。古人云“三十而立”是有道理的，我觉得，30 岁是人生最好的年华，感恩 30 岁的我所拥有的一切！

首先，我要感谢在我跌倒时鼓励我站起来，并教我分清是非的爸爸，然后感谢体贴我、照顾我，喋喋不休地关心着我的妈妈。还有在我成长过程中，开导我和启发我的朋友们，以及伴我成长、与我分享快乐的兄弟姐妹们，谢谢你们！

最后，我希望，在我今后的人生旅途中，依然有你们的陪伴。我会走得更加坚定，更加自信，更加幸福！我提议，为了这份坚定，为了我们所有人的幸福，干杯！

祝酒词佳句

寿星本人经典祝酒词

1. 一年过一回，一回老一岁；最多100回，已过30回；不知剩几回，珍惜每一回；最重要的是，感谢大家都来陪！
2. 这次的生日，能够得到这么多人的祝福，我很开心。原来我有这么多的人关心和关爱，希望大家也都开开心心的。
3. 借此机会，我要送给父母祝福：愿你们健康长寿！我还要和你们一起度过无数个生日。
4. 我很感谢我的朋友们。相逢就是一种缘分，我会珍惜这种缘分。我要给你们送上真诚的祝愿，祝愿你们心想事成、身体安康！
5. 今天是一个让我感到温暖而幸福的日子，感谢大家从四面八方赶来，为我带来欢乐和祝福，更带来了一如既往的支持和厚爱。

来宾经典祝酒词

1. 寿星许愿百灵百验，今天许愿明天就能实现。有请寿星双手合十，闭上眼睛许个心愿。蜡烛吹一吹，好事堆成堆。
2. 希望你一切都好，希望所有俗套的祝福都在你身上灵验，祝你年年皆胜意，岁岁都欢愉！
3. 生日就是生活中日日充满欢笑，生日就是生命中日日充满幸福。愿所有美好如期而至，祝你生日快乐！
4. 每过一个生日就是一个新的开始。当新的一岁到来时，希望往事随岁月的年轮一转而过，愿所有的好运围绕在你身边。
5. 在这特别的日子里，祝愿你幸福平安；在这美好的日子里，祝愿你事事如意。祝你生日快乐，永远幸福！

①

②

什么菜？

送你一只扒鸡，从此大吉大利；再送你一盘四喜丸子，祝你喜气洋洋。

③

④

第三章

家庭节日聚会——共享团圆时刻

1

家庭节日聚会祝酒词万能模板

一、开场称呼

尊敬的各位长辈，各位兄弟姐妹，侄男甥女们

各位长辈，各位宗亲

亲爱的家人们

二、表达欢迎

大家好！在这个美好的日子里，我们举办家庭聚会，欢聚一堂，共同庆祝新春佳节。首先，我谨代表______氏家族对各位的到来表示热烈的欢迎和衷心的感谢！

（适用于春节聚会的祝酒词）

今天，我们______氏家族后代子孙济济一堂，齐聚于此，共同缅怀先辈。在这里，请允许我代表______氏后人向前来参加这次盛会的各位家族成员表示衷心的感谢。

（适用于清明节祭祖会的祝酒词）

大家好！中秋佳节我们大家齐聚一堂，共同欢度这美好的时刻。首先，我代表全家人向赶来参加这次聚会的家人们表示亲切的问候和诚挚的祝福。

（适用于中秋节聚会的祝酒词）

三、怀念先辈

老一辈人勤勤恳恳，忙忙碌碌，他们用心血将我们养育成人，用言行教会我们勤劳和坚强。这朴实的家风，足够我们受用一生。他们永远是子子孙孙做人的榜样。

（适用于春节聚会的祝酒词）

清明节是炎黄子孙寻根求源、祭奠祖先的节日。今天我们______氏后人共同在此祭奠先人，就是要缅怀先祖的英德，感激先祖的教诲，报答先祖的养育庇佑之恩。

（适用于清明节祭祖会的祝酒词）

四、感谢先辈

在这里，我们要感谢老一辈人给了我们无微不至的关爱与抚养。他们给予了我们如此团结的大家庭。他们以身作则，为凝聚家族亲情而不懈努力，为子子孙孙做了最好的表率。

（适用于春节聚会的祝酒词）

五、强调亲情

中秋节是中国传统节日之一，也是家人团聚的重要时刻。在这个特殊的日子里，我们相聚在一起，是为了共同分享家庭的喜怒哀乐。正因为有了家庭的支持和鼓励，我们才能够在工作和生活中坚持不懈，不断进步。

（适用于中秋节聚会的祝酒词）

六、提出希望

我们作为晚辈，应该把家庭的优良传统发扬下去。我们应该继承孝敬父母、尊重长辈的优良传统，继承团结互助、和睦相处的家族观念，继承勤俭节约、诚实守信的家风家训，用自己勤劳的双手、辛勤的汗水去经营自己的小家庭，建设好我们这个大家庭。

（适用于春节聚会的祝酒词）

今天，我们在这里举行每年一度的祭祖仪式，更是为了把这个活动当作一个载体，激励我们学习先人的精神，继承祖德，发扬传统，自强不息，艰苦奋斗，为国家富强、家族兴旺不懈努力。

（适用于清明节祭祖会的祝酒词）

在这美好的时刻，我希望我们能够积极履行自己的责任，发挥自己的作用，在家庭中贡献自己的一分力量，这样家庭才能更美满、更和谐。

（适用于中秋节聚会的祝酒词）

七、表达祝愿

今天大家能够有机会聚在这里实属不易，就让我们敞开心扉，畅所欲言，沟通彼此的亲情。最后祝大家在新的一年里学习进步、工作顺利、平安健康、家庭幸福！谢谢大家！

（适用于春节聚会的祝酒词）

最后，祝愿______氏家族所有宗亲身体健康、事业发达、家庭幸福、心想事成！愿祖上英灵庇佑我们______氏家族蓬勃发展，不断壮大。谢谢大家！

（适用于清明节祭祖会的祝酒词）

最后，衷心祝愿大家家庭和睦，团结和顺，中秋节愉快！谢谢！

（适用于中秋节聚会的祝酒词）

2

春节家宴祝酒词

春节是中华民族最为隆重的传统佳节。春节家宴上的祝酒词，自然少不了拜年的吉祥话，另外还要赞扬一下家族或家庭团体的力量，称颂一下家族传统，展现一下家族凝聚力，等等，最后还要表达对未来美好愿景的期待。

范 文

活动：家庭春节聚会

致辞人：晚辈

各位长辈，各位兄弟姐妹：

过年好！

在今天这样一个辞旧迎新的日子里，我谨代表晚辈们，向在座的各位长辈拜年，并表达我们深深的感谢和祝福。感谢你们陪伴和照顾我们走过每个日夜，祝福各位长辈在新的一年里身体健康、万事顺心！

今天借着这杯酒，我想向各位长辈和亲人讲一些我内心的感受。通过这些年自己的成长和工作经历，我真切地感受到生活的不容易，它总是带给我们无尽的困难和考验。然而，各位长辈用自己的实际行动为我上了最好的一课。

作为一个大家庭，首先要团结互助。不管任何时候，当一方遇到困难时，其他小家庭都能够及时给予物质上的支持和精神上的鼓励，没有过多地去计较自身利益的得失。

其次要主动作为。但凡遇到困难，我们每一个家庭都没有消极悲观地等待，总是积极地想办法，有多大力出多大力，全力推动事情向最好的方向发展。

这两点，是我从我们这个大家庭收获到的最宝贵的财富。我想说，我为能生在这样一个团结互助、奋发上进的大家庭而感到光荣和自豪，我爱我们大家庭里的每一个人，衷心祝愿每一个人平平安安！健健康康！顺顺利利！干杯！新年快乐！

祝酒词佳句

晚辈经典祝酒词

1. 愿您在新的一年里，事业正当午，身体壮如虎，金钱不胜数，干活不辛苦，幸福非你莫属！
2. 祝您新年吉祥、前程似锦、吉星高照、财运亨通、阖家欢乐、飞黄腾达、幸福美满！
3. 欢欢喜喜迎新年，万事如意平安年。新年到来，我祝愿您，在家顺在外顺，一顺百顺；现在顺未来顺，一帆风顺。恭祝您______年一切顺利！
4. 感谢在座的各位长辈的扶持和安慰，让我们在困难时得到鼓励，在疲惫时得到温暖。祝愿长辈们在新的一年里身体健康、心情愉快、生活幸福！
5. 春节来临之际，祝您身体健康平安，事业步步高升，心情阳光灿烂，家庭幸福美满，新年开心快乐！
6. 转眼春节又来到，子女成人进一步，父母双亲渐老去。春节到，祝愿孩子健康成长，父母身体健康。
7. 今年的春节，祝亲人们事事开心、事事顺利，在新的一年里平平安安、健健康康。
8. 无论我飞得多高，飞得多远，总不会忘记可爱的家，总不会忘记各位亲朋好友。新年到了，祝大家新春快乐！

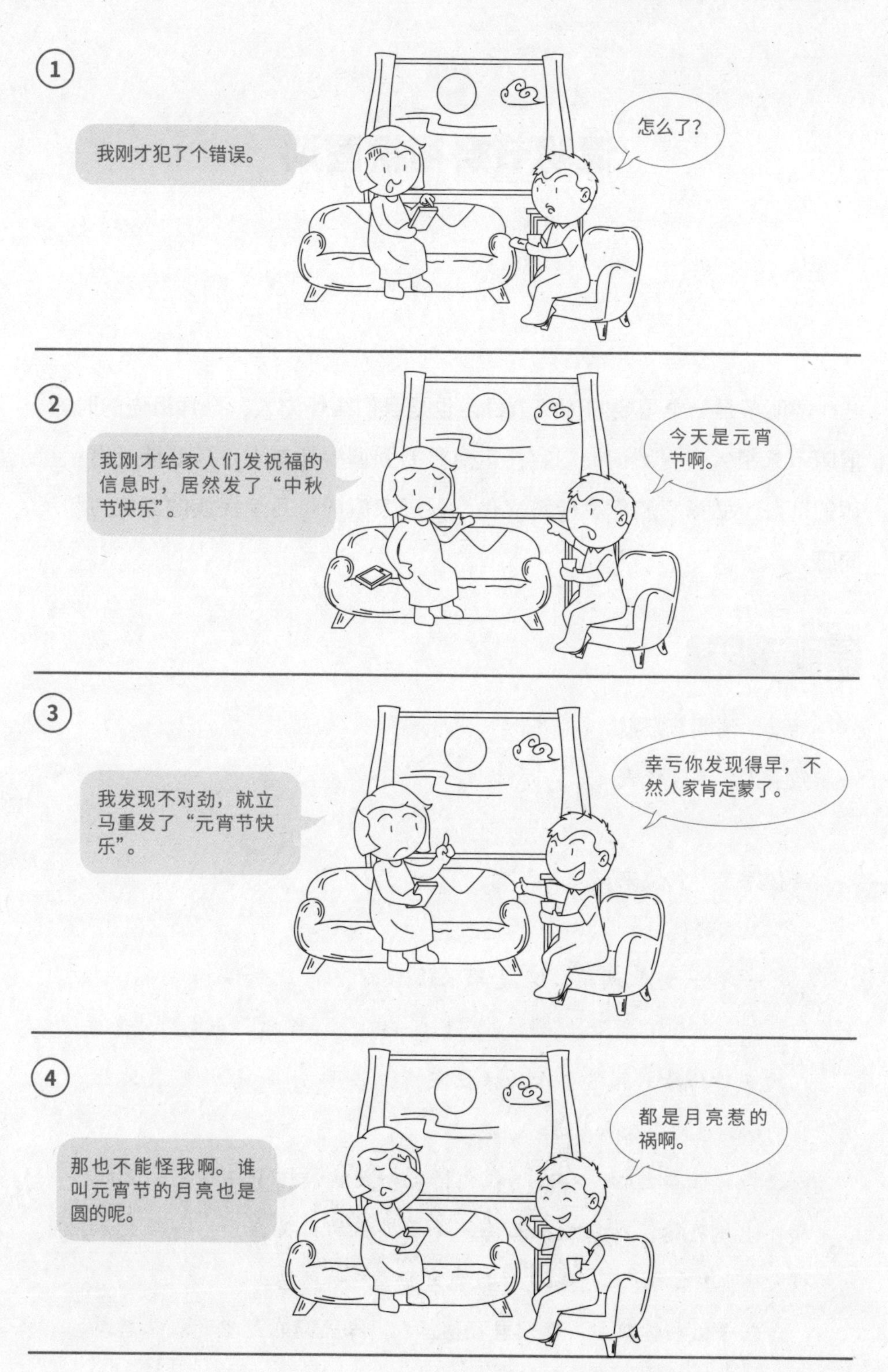
①
我刚才犯了个错误。
怎么了？
②
我刚才给家人们发祝福的信息时，居然发了“中秋节快乐”。
今天是元宵节啊。
③
我发现不对劲，就立马重发了“元宵节快乐”。
幸亏你发现得早，不然人家肯定蒙了。
④
那也不能怪我啊。谁叫元宵节的月亮也是圆的呢。
都是月亮惹的祸啊。

3

清明节祭祖祝酒词

清明节是一个重要的传统节日，也是我们缅怀先人、祭拜祖先的时刻。清明节祭祖大会祝酒词的内容，重点是要强调缅怀先人，还要涉及继承祖德的部分，弘扬家族优良传统文化，促进家族成员乃至民族的凝聚力和认同感。

范文

活动：清明节祭祖

致辞人：宗族代表

各位宗亲，各位来宾：

大家好！

一年一度春风柔，又是草长莺飞时。值此清明节之际，我们______家族汇聚于此，隆重祭奠我们______家族的祖先，追思先人的丰功伟绩，联络今人的亲情友情，共谋______家族发展大业。我们感到无比自豪和荣幸。

物有报本之心，人有思祖之情。今天我们怀着一颗至诚之心，缅怀先祖英德，感激先祖教诲。今天祭祖的意义在于，一祭大地，报天地负载之德；二祭祖先，报先辈养育庇佑之恩。

斯人已乘黄鹤去，辉煌前程待后人。今天站在这里的我辈后人，当弘扬先祖美德，积极促进和加深宗族情谊，当以全族利益为重，不分南北，不分支系，明礼诚信，精诚团结，互通有无，互帮互助，共谋发展！

不忘先人，追念先人，是为了后人更加腾达，是为了宗族更加辉煌。____家族发展的历程告诉我们，只有自强不息才能把握命运，只有与时俱进才能紧跟时代，只有勤劳勇敢才能成就伟业，只有艰苦奋斗才能兴旺家族！

让我们举起酒杯，为我们家族的美好明天干杯！

祝酒词佳句

宗族代表经典祝酒词

1. 今日我们汇聚在宗祠前，隆重祭奠我们的祖先，共同缅怀已故祖宗的丰功伟业，畅叙亲情，共话______氏家族发展，心情感到非常高兴和激动！
2. 树高千丈必有根，江流万里必有源。今天站在这里的______家子孙，应该为家族的繁荣而激励自己，积极促进和加深宗族情谊。
3. 水有其源，人有其根。愿祖先的精神永远保佑我______氏家族兴旺发达，继续辉煌！
4. 莫道今年春将尽，明年春色更喜人。______氏家族的宗亲们，让我们大家携起手来，共同进步，共同创造______氏家族的幸福明天！
5. 值此清明节之际，我们在这里举行一年一度的祭祖仪式，缅怀先人，祈求先人英灵庇佑……
6. 学习先人的精神，继承祖德，发扬传统，求生存，谋发展，自强不息，艰苦奋斗，为国家富强、家族兴旺不懈努力。

4

端午节家宴祝酒词

端午节，又称端阳节，有着两千年的悠久历史。人们在端午节欢聚一堂、喝酒畅谈的同时也会说一些祝酒词，常见的内容包括对生活的美好祝福或勾勒家庭团聚、生活幸福的美好场景。端午节祝酒词尤其需要注意语言简洁、文雅，寓意深刻并注重情感。

范 文

活动：家庭端午节聚会

致辞人：家人代表

亲爱的家人们：

大家晚上好！

五月莺歌燕舞日，又到粽味飘香时。值此端午节到来之际，我们欢聚一堂。能跟大家共度这一团圆时刻，我感到非常高兴。

端午节是我们中华民族的传统节日，也是一个重要的家庭团聚的日子。在这一天，我们怀念屈原先生，学习他的爱国精神和奉献精神。同时，我们也怀念那些已经离开我们的亲人和朋友。让我们怀着感恩之心，珍惜眼前的幸福和团聚的时刻。

一片艾叶，渗透着情意的芬芳；一条龙舟，赛出了高涨的热情；一个粽子，裹满了生活的蜜糖；一杯米酒，碰出了欢畅的笑声。

让我们举杯共饮，愿我们的家庭像香包一样温馨，事业像龙舟一样快进，个性像粽叶一样飘逸，生活像美酒一样甘甜，快乐像糯米一样黏滑！祝大家端午安康，干杯！

祝酒词佳句

家人代表经典祝酒词

1. 端午节到了，愿大家安康！生活里“粽”有幸福和甜蜜！一年一端午，一岁一安康！
2. 收获多多，五谷丰登；收入多多，五花八门；朋友多多，五湖四海；快乐多多，五彩缤纷；幸福多多，五福临门！
3. 在这个特别的日子里，我们聚在一起，除了吃粽子、赛龙舟、谈笑风生外，更重要的是展现家庭凝聚力和传承文化的责任感。
4. 五月莺歌燕舞日，又到粽味飘香时。愿你“端”来快乐，“端”来好运，“端”来健康，“端”来财富。端午节安康！
5. 端午节到了，祝您“粽”是安康，“粽”是幸福，“粽”是惬意，“粽”是平安。
6. 粽叶裹住你过去的美好，米粒黏住你现在的幸福。
7. 咬口粽子黏又软，嚼在嘴里香又甜。粽子尖尖角，祝你身体好！
8. 龙舟比赛竞技场，红蓝相间赛场忙。庆端午，赛龙舟，共度欢乐时光！

5

中秋节家宴祝酒词

中秋节是中国民间传统节日。中秋节家宴上的祝酒词一般离不开“月亮”和“团圆”这两个话题，寄托着思念故乡、思念亲人、渴望团圆的情感。

范文

活动：家庭中秋节聚会

致辞人：晚辈

亲爱的家人们：

大家晚上好！

值此中秋佳节，我有四大喜事想跟大家分享。

今年的中秋节很难得，因为，不仅天上的月亮圆了，咱们一家人也“圆”了。大文豪苏东坡说：“人有悲欢离合，月有阴晴圆缺，此事古难全。”可见，月圆人圆，自古就不容易，可是今天我们实现了。这是一喜！

爷爷、奶奶、姥姥、姥爷都已经是七八十岁的人了，可是身体健康，无忧无虑，天天乐呵呵的，这是咱们全家人的福分。这是二喜！

大姐从英国留学归来；我爸最近又攻克了一项技术难题；三姑被评为先进工作者，不日就要进京。全家人工作顺利，生活顺心。

这是三喜！

二叔虽然失业了，但自己做买卖赚得比上班还多；四婶在家炒股票，手里的股票“牛”劲儿十足；小表弟也升入了重点中学。看来，只要肯奋斗，我们全家都差不了。这是四喜！

中秋佳节，全家团圆，四喜临门，愿大家今天晚上吃得饱、玩得好！

祝酒词佳句

长辈经典祝酒词

1. 低头是幸福当下，抬头是美好未来。祝我们全家健康好兆头，吉祥如意好彩头，幸福快乐无尽头，万事圆满暖心头！
2. 月圆饼圆人团圆。中秋佳节，团聚一堂，让我们一起品尝美味的月饼，分享家庭的欢乐和幸福。
3. 秋月一轮当空照，全家围坐笑开颜。此刻，让我们一起享受团聚的快乐，祝福我们每个人的未来更加美好。
4. 不羡嫦娥成神仙，月宫寒冷恨无边；不羡吴刚桂花酒，人间美酒比蜜甜。
5. 中秋之夜庆团圆，家家户户笑声欢。愿以此心寄明月，国泰民安长万年！

晚辈经典祝酒词

1. 家人闲坐，灯火可亲，桌上美食，团团圆圆，这便是人间最美好的光景。祝愿我们的大家庭幸福美满、三餐四季、温暖有趣、平安喜乐。
2. 中秋之夜，让我们一起举杯邀明月，感受家的温暖和团圆的幸福。
3. 亲爱的家人，感谢大家一直以来的支持和关爱。有你们在，我浑身充满了力量，心里充满了幸福。
4. 亲爱的家人，有你们在身边，我感到无比幸福和满足。愿我们的生活永远充满阳光和快乐，祝福我们每个家庭成员都幸福安康。
5. 撷几缕花香，融进月饼；邀一轮圆月，千里婵娟；采一份思念，酿成月光；寄一声祝福，愿您安康。

1
吃月饼啦！
这是什么馅的呀？
2
五仁的。
小气，这么小的月饼，还要分给五个人。
3
那你就吃这个吧。
中秋节吃月饼，你让我吃馒头？
4
这可不是馒头，这是零仁月饼。
我要吃月饼，你把月饼给我。

第四章

家庭宴客——亲朋好友齐相聚

1
订婚宴祝酒词

订婚宴上的祝酒词要营造温馨的喜庆气氛，要让准新人感受到亲友们的关心和祝福，一般包含对准新人的祝福、对准新人的喜爱和喜悦的心情。

范 文

活动：订婚宴

致辞人：男方父亲

各位来宾，女士们、先生们：

大家好！

今天是一个好日子，还是一个喜庆、吉祥的日子。按照传统的习俗，在这里举办我儿子______和______小姐的订婚仪式。承蒙各位嘉宾远道而来，我在此代表双方家长向大家的到来表示热烈的欢迎和由衷的感谢！

我的儿子是一个善良、踏实、可靠的人，工作努力，对我们很孝顺，对朋友很仗义。我的准儿媳是一个漂亮、大方、温柔的人，对身边的每个人都很好。我和我太太都很喜欢她，把她当作自己的女儿。

今天两个孩子订婚了，我们双方父母都很开心。因为他们在一起了，我们和亲家也从好朋友变成了亲人。这是一种缘分，一定要珍惜。

在这个喜庆的日子里，______和______完成了人生的大事，他们的未来已经明确了方向，找到了属于自己的幸福。在这里，我希望两个孩子能够了解一下如何当一个好丈夫、好妻子，好父亲、好母亲。

我在这里要求______，爱人才是陪伴你一辈子的人，希望你以后对______好一点，多一点关心和体贴。除了对她好，还要对你的岳父岳母好。你们两个人从相遇相知再到如今的订婚，是非常不容易的。所以，希望你们在今后的生活中互相体谅，互相包容；在工作中互相理解，互相支持。两个人一起努力过上幸福的生活。

我们做父母的，都希望自己的孩子能够过得很好。希望你们以后的生活能够幸福美满。希望你们能够学着换位思考，理解对方。希望你们遇到问题多沟通，积极解决问题，而不是逃避问题，这样关系才能够和睦长久。

最后，我代表全家感谢亲友们对我们家一如既往的帮助、支持和厚爱，亲情无价，真情永存。恭祝大家健康平安、幸福如意、家家美满、人人快乐！谢谢大家！

祝酒词佳句

男方父母经典祝酒词

1. 此时此刻我无比欣慰，看着孩子们终于有了自己的幸福，我万分高兴！希望各位今晚过得开心！
2. 能和______结为连理，是我儿子的福气，也是我们家的福气。今后我们会像对待亲生女儿一样对待她。
3. 希望______和______努力工作，共同进步，为美好的人生添光彩，携手同行，快快乐乐一起走好人生之路。

女方父母经典祝酒词

1. 作为父母，我们真心地祝福你们能够真心相爱一辈子，幸福永远！希望你们能够用自己的聪明才智和勤劳的双手创造出美好的未来。
2. 希望你们今后能够对双方父母尽到做儿女的孝道，也要相亲相爱。
3. 同甘共苦，更要共同奋斗；同心同德，更要同舟共济；相亲相爱，更要相濡以沫；互帮互助，更要互相尊重。

来宾经典祝酒词

1. 良缘喜结成订婚，佳偶天成定三生。祝订婚快乐。
2. 甜如蜜，美如玉，祝你们和和美美心如意；人也好，花也好，祝你们花好月圆事事好。订婚快乐，百年好合。
3. 天作之合贺订婚，郎才女貌羡煞人。花开并蒂结连理，龙飞凤舞人世间。祝订婚快乐，白头偕老！

2 回门宴祝酒词

回门宴是一个团聚、喜庆的时刻，新娘的亲友们可以通过这个机会祝福新婚夫妇，并与他们共同庆祝喜事。同时，回门宴也是新娘父母宴请亲属、分享喜悦的场合。回门宴上新娘父母的祝酒词一般包含祝福、表达父母的爱和对宾客的感谢。

范文

活动：回门宴

致辞人：新娘父亲

各位尊敬的来宾：

大家好！请允许我代表我们全家，向各位嘉宾的远道而来表示真诚的感谢，感谢各位来参加小女和贤婿的回门宴。

我的女儿明理孝顺、聪明伶俐，我的女婿年轻有为、善良朴实。现在他们结成了幸福的一对，组成了美满的家庭，我为他们感到高兴和欣慰。作为长辈，我想给他们提出两点期望：

第一，我祝愿他们经营好自己的小家。家，是温暖幸福的港湾，更是一种责任。希望你们承担起责任，共同用爱经营好家庭，做到互敬、互爱、互谅、互帮，而且要终生不渝。

第二，我希望他们永远孝顺双方的父母和其他长辈，尤其要把对方的父母当作自己的父母。当然，作为长辈，我们也会继续关心和爱护你们。你们今后有困难，我们一定会竭尽所能地帮助你们。

我希望两个孩子能够记住，长辈们不要求你们升官发财、出人头地，只祈求你们健康、平安、快乐、幸福。请你们时刻不要忘记我们这些长辈和亲友们深深的牵挂和默默的祝福。

女儿是我和妻子的掌上明珠，我很高兴能够看到她找到了最适合她的伴侣。现在，我把我们的爱女交给______，这样一位忠厚淳朴、孝顺长辈的青年，我们感到很放心。请你代替我们继续包容她、爱护她。

从现在开始，一对新人就像两只幸福的小鸟，飞离爸爸妈妈的身边，飞向自己幸福的小家。愿你们在今后的人生道路上，同甘共苦，相亲相爱，比翼双飞，展翅翱翔。

最后，也祝愿在座的各位来宾家庭幸福、身体健康、万事如意！

谢谢大家！

祝酒词佳句

新娘父母经典祝酒词

1. ______和______，你们长大了，成家了。我祝福你们白头偕老，永结同心。
2. 在这样一个处处洋溢着幸福的日子里，作为父亲，我百感交集，心中除了喜悦，更多的是对女儿的依依不舍。
3. ______，在家里你是个好女儿，希望你结婚后是个好妻子、好媳妇，将来是个好妈妈。
4. ______，我希望你们夫妻俩相互包容，相互关爱，希望你包容她的一切，呵护她一生。

来宾经典祝酒词

1. 欢迎你们回门，愿爱情之花在新的起点更加绚烂美丽。祝你们幸福美满，永结同心！
2. 在这个喜庆的日子里，祝愿新婚夫妇爱情长久，家庭温馨，生活幸福，身体健康！
3. 祝福新婚的你们，共度美好时光，开启美好人生，幸福无疆，情比金坚！
4. 新人回门，愿你们的生活充满了爱、幸福和美满，祝福你们沐浴在幸福的阳光下，永远灿烂！

①
你们今天订婚了，你有什么想对大家说的吗？
好消息是我订婚了。坏消息是从明天开始，我要减肥了。
②
才订婚就要开始减肥？
对呀，不然结婚时只有新娘一个人那么美怎么行？
③
还有什么想说的吗？
订婚了，不再是“单身狗”，从此不再被迫吃“狗粮”了。
④
不吃“狗粮”好啊。
可是我要开始吃老婆的“黑暗料理”了。

3

升学宴祝酒词

升学宴是父母为了庆祝子女考上理想的学校或者顺利升学举办的宴会。升学宴中，父母的祝酒词一般要表达父母激动的心情、对子女的肯定和鼓励，还要表达对孩子接下来学习的建议和期待。

范文

活动：升学宴

致辞人：学生父亲

各位亲朋，各位来宾：

大家中午好！

衷心地感谢大家在百忙之中，冒着高温酷暑来参加小女的升学宴！

孩子很争气，如愿地考入了她理想的大学：______大学！取得这样的好成绩，离不开在座的每一位亲朋好友的关怀和帮助，尤其要感谢______中学的老师们。在此，我再一次为大家平日里对小女的照顾表示由衷的谢意！

另外，我也要特别谢谢我女儿。整个高中生涯，你的学习压力都很大，但你从不气馁，时刻都在努力追求进步。你给父母争了光，谢谢你，孩子！今天是你期盼已久的一天，你的努力付出终于赢得了回报，我的心情也万分激动，我向你表示祝贺！

女儿，我想对你说，考上大学只是万里长征的第一步，人生的道路还很漫长，总会遇到坎坷和磨难，希望在以后的路途中，你能拿出乘风破浪的勇气和百折不挠的毅力，面对每一次生活给你的考验，在挫折中成长，在磨炼中成熟，走出属于你自己的精彩人生，不辜负长辈们对你的殷切厚望。

最后，再次感谢各位的光临，希望大家能开怀畅饮，乘兴而来，尽兴而归！干杯！

祝酒词佳句

学生父母经典祝酒词

1. 考上大学只是万里长征的第一步。人生的路很漫长，期望你能百尺竿头更进一步。
2. 今天是孩子实现梦想的一天，我感到万分开心和激动。功夫不负有心人，______载寒窗苦读，孩子终于凭着自己的聪明才智梦圆______大学。
3. 一分耕耘一分收获，高中三年以来，你的努力爸妈都看在眼里。正是因为辛勤的付出，才有如今收获的喜悦。
4. 我们对你有三点期望：一是要勤奋，高中刻苦的学习精神不能丢；二是要坚持，坚持珍惜时间，始终如一；三是要钻研，把专业知识学深学透，融会贯通。

亲朋好友经典祝酒词

1. 你在人生旅途上，已经迈开了扎实的第一步。我相信你今后一定会承载远大志向，成为国家的栋梁之材。
2. 光辉绚丽的前程和铺满鲜花的道路就在脚下，希望你继续努力，不辜负父母和亲朋好友的希望。
3. 恭贺你金榜题名，考上理想的大学，衷心祝福你前程远大，实现梦想。
4. 鲤跃龙门偿夙愿，金榜题名看今朝。希望你在大学里学业有成，一路高歌，更上一层楼！

出国饯行宴祝酒词

所谓饯行，原指祭路神，后指有亲朋好友将要远行，置办酒席为其送行，以示祝福和惜别之意。出国饯行宴上的祝酒词，一般要表达对朋友的关心和不舍，支持和理解，最后表达对朋友的美好祝福。

范 文

活动：出国饯行宴

致辞人：朋友

亲爱的朋友们：

大家晚上好！

今天，我们相聚在这里，是为了给即将出国的______举办一场饯行宴。

______即将踏上出国的征程，我们深知，这是一个全新的开始，也是你为了追求更好的教育、更大的发展机会而做出的重要决定。虽然我们会想念你，但我们也为你的勇气和决心感到骄傲。

海阔凭鱼跃，天高任鸟飞！你即将迎来新的人生机遇和挑战，我们相信，以你的才华和努力，将会拥有更广阔的天地。无论你将面对什么困难，我们都会一直支持你、鼓励你。

朋友啊，让我们举起酒杯，为你的出发干杯！愿你的旅途充满美好的风景，愿你的人生充满无尽的可能。愿你在追逐梦想的路上，始终保持坚定的信念和一往无前的勇气。无论风雨有多大，我们都相信你会驾驭风帆，航向成功的彼岸！

最后，让我们举起酒杯，为朋友的出国之旅干杯！无论时光如何变迁，我们都是永远的朋友！干杯！

祝酒词佳句

朋友经典祝酒词

1. 不管你身在何处，幸运与欢乐将时刻陪伴着你。愿你早日平安归来。
2. 外面的世界很精彩，外面的世界很无奈，愿你多多保重，如愿而归！
3. 跨出国门，人生开始新的旅程。一路上，难免会有风暴和雷鸣。相信你会以坚实的脚步，不懈地向成功迈进。
4. 你将展翅飞渡重洋，愿我的临别赠言能为你遮挡征途上的烈日与风雨，愿你一切顺利！
5. 恭喜你有机会出国留学，你到了国外要好好学习，有空常和我们联系，别忘了我们这些好朋友。加油！
6. 你在国外要注意身体，把自己照顾好，有事儿没事儿常联系。
7. 你永远是我们的好兄弟，不管你人到了哪儿，哥几个挺你；不管别人怎么说，哥几个懂你；不管你什么时候回来，哥几个等你。
8. 愿你在异国他乡能够很快地适应新环境，并拥有无限可能的未来。

5

乔迁新居宴祝酒词

乔迁新居宴，是指新房装修好后主人请来亲朋好友共同庆贺搬迁的宴会。在宴会上，主人致祝酒词必不可少，除了表达感谢之外，还包含对生活条件改善的称颂和欣喜，表达自己的喜悦之情和对未来的期待。

范文

活动：乔迁新居宴会

致辞人：男主人

各位朋友：

大家晚上好！

首先，我要代表我的家人，对各位的到来表示由衷的谢意！

今天是个好日子，天格外蓝，风格外轻，阳光格外灿烂，我也格外激动。在这美丽祥和的日子里，在座的个个神采飞扬，人人英姿飒爽！

俗话说，人逢喜事精神爽，我现在正沉浸在乔迁之喜当中，所以特意备下美酒佳肴，邀来在座的各位分享我的喜悦之情。

正所谓，良辰安宅，吉日迁居。搬家的时候有些东西一定要带走，比如幸福、快乐、健康；有些东西一定要扔掉，比如忧伤、烦恼、无奈。

以前，身处陋室寒舍，不敢邀朋友来畅饮，生怕让人误以为待客不诚。今天不同了，因为我搬进了这个新家。这个家虽然谈不上富丽堂皇，但它不失温馨舒适、宽敞明亮。我迫不及待地想把我的这份乔迁的喜气分享给大家，感谢大家这么多年来对我的照顾和包容。

最后，让我们共同举杯，庆祝乔迁之喜，也祝愿在座的各位朋友，工作开拓创新求发展，生活与时俱进奔小康！干杯！

祝酒词佳句

主人经典祝酒词

1. 这次搬家之后，还请大家多来我家坐坐，咱们以后能够经常在一块儿聊聊。
2. 乔迁新居心情爽，朋友前来把贺祝。紫气东来福满园，福旺人旺家园旺。
3. 鸟枪换炮，新居报到，挥手作别老宅，好友亲朋齐欢笑！
4. 搬新家，好运到；入金窝，福星照；事事顺，心情好；人平安，成天笑；日子美，少烦恼。
5. 吉日迁居万事如意，良辰安宅百年遂心。

来宾经典祝酒词

1. 喜迁新居喜洋洋，福星高照福满堂。客厅盛满平安，卧室装满健康，厨房充满美好，阳台洒满好运。恭贺乔迁新居！
2. 迁入新宅吉祥如意，搬进高楼福寿安康。乔迁喜天地人共喜，新居荣福禄寿全荣。恭喜你搬进新家，愿你的生活越来越好！
3. 水往低处流，人往高处走，黄道吉日乔迁，真是好时候。你迁向福源地，会越过越有福。
4. 房子换新的了，心情也变得更好，孩子学习成绩更高，夫妻更恩爱，工作更顺心，祝贺你万事随心意！
5. 古来搬家就是喜，人生从此不一样，搬家带来好福气，从此发家又致富。祝迁居快乐、人生美满！

①

听说大侄子考上大学啦，恭喜恭喜！
同喜同喜！孩子能考上，多亏大家的关心和支持。

②

真羡慕你能出国留学！去了国外可别把我们这些同学忘了。
不会的，你们永远是我最好的朋友。

③

这次公司派你出国工作，你一定要抓住机会，干出点成绩来。
我会的！等我回来时，大家再一起聚聚啊！

④

恭喜你喜迁新居，我们过来沾点喜气。
你们能过来，我这里真是蓬荜生辉，快请进！

第五章

同学、战友聚会——忆往昔，庆今朝

1 同学聚会祝酒词

分开多年的老同学，再次聚到一起，一时间肯定感触颇多。这类聚会上的祝酒词，涉及的内容多是重逢、健康、成就、友谊等。作为聚会的发起人和组织者，祝酒词应该要正式一点，还要尽量做到礼貌周到、滴水不漏。

范文

活动：老同学聚会

致辞人：聚会发起人

尊敬的各位同学，亲爱的朋友们：

大家好！

时光荏苒，转眼间我们已经走过了____年的光阴。今天，我们再次聚在一起，共同庆祝这个特殊的时刻。这是一次难得的机会，让我们一起回忆那些曾经的青春岁月，感受岁月的痕迹，共同分享彼此的成长和收获。

____年前，我们怀揣着梦想，踏入了学校的大门。那时的我们年轻而懵懂，对未来充满了期待和憧憬。我们一起度过了无数个日夜，一起奋斗，一起努力，一起经历了欢笑和泪水。那些美好的回忆，如今已经成为我们心中最珍贵的宝藏。

____年，是一段很长的时间，也是一个很短的瞬间。在这____年里，我们各自走上了不同的道路，追逐着自己的梦想。有的人成为职场精英，有的人成就了自己的事业，有的人拥有了美满的家庭。无论我们走到哪里，都无法忘记那个曾经的校园，那个曾经的同学。

在这个特殊的时刻，我想对每一位同学说声感谢。感谢你们在我人生的旅途中陪伴着我，给予我无尽的支持和鼓励。感谢你们的友谊，让我在困难时有了勇气，让我在迷茫时找到了方向。

俗话说，“一辈子同学三辈子亲”，聚会虽然是短暂的，但只要我们的心不老，同学间的友情就会像钻石一样永恒！只要我们经常联系，心与心就不再分离，每个人的一生都不会再孤寂。

同学们，遗憾的是有些同学因特殊情况，未能参加我们今天的聚会，希望我们的祝福能跨越时空的阻隔传到他们身边。

让我们共同举起酒杯，为这____年的友谊干杯！祝愿每一位同学在未来的日子里，继续追逐梦想，勇往直前。愿我们的友谊长存，愿我们的未来更加辉煌！

祝酒词佳句

聚会发起人经典祝酒词

1. 各位同学，大家好久不见。今天能够和你们聚在一起，我真的特别开心。我也衷心希望，从今往后我们同学之间要多交流。
2. 我们总说毕业遥遥无期，但是转眼就各奔东西。我们现在在各自的工作岗位上发光发热，真的没有太多的时间可以聚在一起。在这里，祝福所有的同学事业蒸蒸日上！
3. 一日同学，百日情谊，无论时隔多久，我们之间都是断不开的缘分。祝我们的友情像钻石一样坚固且恒久！
4. 间隔十载，老同学相聚不易，愿大家健康常相伴，幸福永相随。
5. 曾经我们在学校里年少轻狂，也设想过多年后相聚的场面，如今我们相隔十年再重逢，内心也是感慨万千，希望我们的同窗情谊一直延续下去。
6. 时间可以增长我们的年岁，可以改变我们的容貌，但却改变不了我们之间的同学情谊。如今我们难得再续前缘，愿我们下一个十年再次相聚。
7. 我们从学校出发，在社会上经历了风风雨雨，也结交了形形色色的人，但最难以忘记的还是老同学。祝我们的友谊地久天长！

2

校庆同学聚会祝酒词

校庆同学聚会的祝酒词一般要求思路开阔、条理清晰、逻辑感强。要先点题讲明来做什么，再谈进校门后的感受，接着可以回忆过去的校园时光，再聊聊老同学见面后的心情，最后再对未来进行展望。

范 文

活动：某校 60 周年校庆同学聚会

致词人：校友

尊敬的各位校友，亲爱的朋友们：

大家好！

今天，我们欢聚一堂，共同庆祝母校 60 岁的生日。这是一个特殊的时刻，让我们回忆起那些曾经的校园岁月，感受着母校的温暖和激励，共同分享彼此的成长和荣耀。

在这个充满回忆的校园里，我们曾经是年少的梦想家，怀揣着对知识的渴望和对未来的向往。在这里，我们结识了一生的挚友，遇见了一生的导师，收获了一生的宝贵经验。母校是我们成长的摇篮，是我们奋斗的起点，是我们心灵的家园。

回首往昔，我们曾一起奋斗，一起努力，一起追逐梦想。我们一起度过了无数个日夜，一起经历了欢笑和泪水。那些美好的回忆，如今已经成为我们心中最珍贵的宝藏。无论我们走到哪里，都无法忘记那个曾经的校园，那个曾经的同窗。

在这个特殊的时刻，我想对母校说声感谢。感谢你们给予我们无尽的知识和智慧，让我们在这里收获了成长和启迪；感谢你们的教导，让我们在困难时有了勇气，让我们在迷茫时找到了方向。母校是我们心中永远的灯塔，指引着我们前行的方向。

让我们共同举起酒杯，为母校干杯！让我们祝愿母校在未来的岁月里，继续培养出更多优秀的人才，为社会的发展做出更大的贡献。愿我们的母校永远繁荣昌盛，愿我们的校友情谊长存！

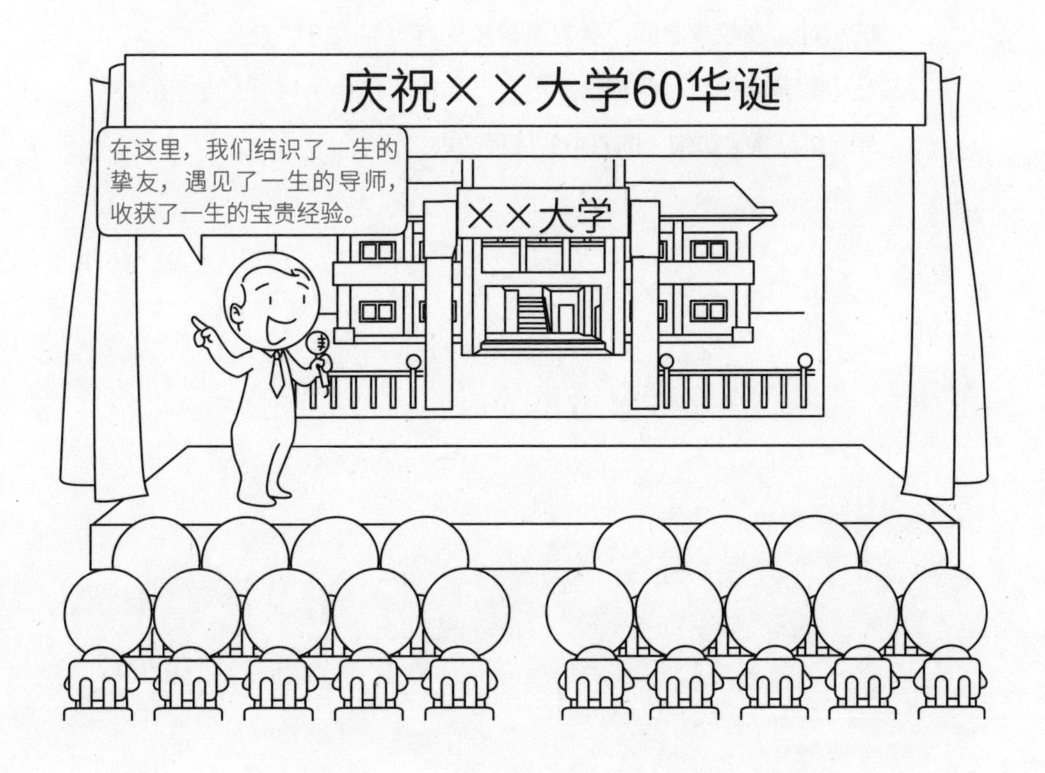

祝酒词佳句

校友经典祝酒词

1. 喜迎________年华诞，丹桂飘香，万千校友，欢聚团圆。广厦连云，嫩草如茵，当惊旧貌换新颜。
2. 回首当年，我们潜心求学，是母校见证了我们的成长；展望未来，我们砥砺前行，为母校增添光彩。在校庆之际，我真心地祝愿母校的明天更加辉煌。
3. 几十载深厚积淀，母校人才辈出，让我们举杯，祝愿母校再续华章！
4. ________学校是我们成长的摇篮，是我们学习知识、塑造人格的园地。如今我们已经走上了人生的新征途，但仍然难以忘记母校的精神。在校庆之际，我祝愿母校拥有更加美好的未来。
5. 几十载薪火相传，我相信________学校一定会承载所有学子的梦想，继续乘风破浪，向着新的征程前进！

1
毕业了，朋友，祝你未来一切安好！
我不会忘记我们的情谊，祝你前程锦绣！
2
五湖四海存知己，聚散浮萍总是缘。祝大家的人生路越走越精彩！
校园美好，友情可贵，祝我们的友谊地久天长！
3
回想当年，我们青春年少，意气风发，如今都青春不再了。
青春不再拥有，白发已占鬓头，女生失去俏丽，男生皱巴额头……
4
青山在，人未老，同学情正浓。
岁月增，水长流，情怀依旧深。

3

春节同学聚会祝酒词

春节同学聚会祝酒词要短小精悍，可以用轻松诙谐的幽默、别有意味的调侃、人尽皆知的趣事等，给聚会带来欢快的气氛。这类祝酒词还应该显示一个人的才华、修养和风度，不能因为一时兴起而口不择言。

范 文

活动：春节同学聚会

致辞人：老同学

亲爱的同学们：

大家好！

想死你们了！不过我知道，想也白想。看你们这帮没心没肺的家伙，一进门就围着咱们的“班花”转，真是重色轻友啊。我就纳闷了，都这么多年了，怎么还这么没出息啊！哈哈哈……

言归正传，值此新春佳节，先让我们举杯庆祝一下，祝福大家在新的一年里，身体健康、财源滚滚！不过，美食虽多，也不要贪吃哦！否则又要变成“每逢佳节胖三斤，胖了三斤又三斤”了。哈哈哈……

好了，好了，我不招人恨了，咱换个话题。先汇报一下我这些年的重大成就，注意听了：我开了个小厂，成了个小家，有了个小孩，就是还没有“小秘”，惭愧啊！哈哈哈……不开玩笑了，说句心里话，这些年真的非常怀念咱们上学时的那段日子。虽然我们为了自习课占座红过脸，为了当“护花使者”打过架，为了在球场上争个输赢拼过命，但那真是一段有滋有味的日子呀！

来，为我们曾经拥有过那样一段日子，为我们的友谊如同太阳与大地的结合一样自然，一样自由，一样充满生机，干杯！愿我们的友谊像春节的烟花一样绚烂，像糖果一样甜蜜，像红包一样厚重！祝大家新年快乐！

祝酒词佳句

祝酒词佳句

1. 在新年的鞭炮声中，老同学相聚于此，所有的思念都汇集成手中的一杯酒，祝各位老同学合家团圆、新春喜乐！
2. 有缘千里来相聚，我们在新春到来之际欢聚一堂、对酒当歌，希望各位同窗好友珍惜我们的同学情谊，祝愿大家在新的一年里都大展宏图！
3. 各位老同学离开学校之后都各奔东西，为自己的生活奔波忙碌，难得在春节的时候能够重新聚在一起，一起重温多年的校园回忆。祝你们新春快乐，往后的日子如手中的佳酿般醇香。
4. 新春佳节难得，同学情谊难忘，愿老同学们在新的一年里收获新福气，登上新台阶！

4 周末朋友小聚祝酒词

周末小聚祝酒词，应该尽量亲切自然、简短精练，表达感激和鼓励等。祝酒词中不要吝啬对朋友的赞美，可以真诚地夸赞朋友的成就以及对自己的帮助，还可以分享一些喜事或者正能量的故事或经历，以增进友谊，营造愉快的氛围。

范 文

活动：周末朋友聚会

致辞人：聚会发起人

亲爱的朋友们：

在这个美好的周末，我们再次聚集在一起，享受彼此的陪伴和欢乐。这次小聚，就像是一杯热气腾腾的美酒，让我的心情变得愉快而放松。

朋友们，你们就像是我生命中最亲近的兄弟姐妹，我们一起经历了无数的疯狂和欢笑。无论是一起打球、唱歌，还是疯狂的“逛吃”之旅，我们总是能够找到共同的兴趣和乐趣。你们的陪伴让我感到无比的幸福和温暖。

在这个喧嚣的世界里，你们成了我的精神寄托。无论是喜悦还是忧愁，你们都能够在我身边安慰我、支持我。你们的真诚和善良，让我感受到了无尽的力量。

在这个小聚的时刻，让我们放下烦恼，放松心情，享受这难得的休闲时光；让我们大声笑出来，尽情欢呼，让快乐的气氛充满整个房间；让我们一起分享美食，畅谈趣事，创造属于我们的美好回忆。

让我们举起酒杯，愿我们的友谊如同这杯美酒般，爽口而持久。让我们为友谊干杯！

祝酒词佳句

朋友经典祝酒词

1. 人生不求财富满地，但求健康四季；情谊不求朝夕相聚，但求时常惦记。美好的周末充满阳光，幸福的生活让我们健康。愿我们心花随春绽放，永远幸福安康。
2. 人生之幸事，不过三五好友，周末小聚，或推杯换盏、针砭时弊，或斗智演戏、笑闹生趣。
3. 酒逢知己千杯少，希望我们以后常聚、多聚，让我们的情谊如细水，长流于心田。
4. 能在亿万人之中与你们相知、相遇，成为情谊深厚的好友，是我的幸运。希望不论我们以后的人生轨迹如何变动，还是能像这个周末一样，相约小酌，谈笑风生。
5. 相逢就是缘，一丝真情抵万金。举杯时，我总能回想起我们曾经一起度过的日子，希望我们以后的日子也能顺利又精彩，祝我们的友谊长存！
6. 今天我们相聚在一起，让我们丢掉身上的职位，忘记人生的成败，只是如往年一样，坐在一起为友情畅饮，为将来举杯。
7. 好友相聚，不谈身后的烦恼，只拥抱眼前的快乐，让我们一起度过难忘的周末。

5

战友聚会祝酒词

战友聚会，聚的是感情，聊的是兄弟情，跟当前的工作和社会地位无关。因此，战友聚会祝酒词中要注意不可炫耀，也不必自卑，要保持平常心，可以多聊一聊彼此之间曾经发生的有趣的事，值得怀念的人或物，放松心情。

范 文

活动：战友聚会

致辞人：聚会发起人

老战友们：

晚上好！

在这个欢聚时刻，我的心情非常激动。面对一张张熟悉而亲切的面孔，我心潮澎湃，感慨万千。

回望军旅，朝夕相处的美好时光怎能忘？苦乐与共的峥嵘岁月，凝结了你我情深意厚的战友之情。训练场上，我们摔打意志；林荫路上，我们倾吐衷肠；比武练兵，我们大显身手；熠熠闪光的军功章，记录着我们逝去的青春……这一切是我们永生难忘的回忆。

战友头碰头，功名利禄抛脑后；战友手拉手，知心话儿说不够！悠悠岁月，弹指一挥间。真挚的友情，紧紧相连，许多年以后，战友重逢，依然有着难得的天真爽快，依然可以率直地应答对方，那种情景让人激动不已。

如今，由于我们各自忙于工作，劳于家事，相互间联系少了，但绿色军营结成的友情，没有随风而去，已沉淀为酒，每每启封，总是回味无穷。今天，我们从天南海北相聚到这里，畅叙友情，这种快乐将铭记一生。

最后，我提议，让我们举杯，为我们的相聚，为我们的家庭，为我们的友谊，干杯！

祝酒词佳句

战友经典祝酒词

1. 忆往昔岁月，我们保家卫国守军纪；看今朝年华，我们各处腾飞谋发展。今日举杯相邀，祝各位战友前程似锦！
2. 我们曾经都是并肩作战的战友，那些峥嵘岁月在我的记忆深处难以磨灭。希望我们珍惜战友情，不忘兄弟情，保持初心，永远热烈向前进！
3. 我们曾经一同穿过军装，一同经历过磨炼。虽然现在我们都在各自的领域继续发光发热，但战友永远是战友，我们之间的情谊永不变！
4. 看到战友们重新聚在一起，那些朝夕相处的军队生活好像又重现眼前。训练场上，我们增长能力；林荫路上，我们互诉衷肠；比拼场上，我们大展身手。让我们为那些挥洒汗水的日子举杯，铭记属于我们的岁月！
5. 今天我们从天南海北而来，相聚在此，一声声“老战友”饱含了我们的战友情。祝各位战友未来更美好，情谊更久远！

1
咱们两个难得一聚，快来拍张照片。
拍是可以拍，不过别发朋友圈。
2
为什么？拍照片不是挺好的吗？
你没化妆，我也没化妆，合影就别发了吧。
3
好久不见，甚是想念。
思思念念，终于相见。相聚总是短暂而又快乐无限。
4
今天能够一起小聚，觉得特别开心，期盼着下次再相聚。
友谊万岁，相聚快乐，下次再见！

第六章

工作聚餐——职场祝酒不可不会

1

升职聚餐祝酒词

升职聚餐祝酒词不要过多地感谢领导，点到即止即可，可以简单介绍一下自己工作的后续安排，表达自己的不安，并希望得到领导的继续支持，但并不需要过度谦虚。最不可缺少的部分就是要感谢团队。

范 文

活动：升职聚餐

致辞人：升职人员

尊敬的领导，亲爱的同事们：

大家好！

我心怀感激之情，向每一位领导和同事致以最诚挚的谢意。正是在你们的关怀和支持下，我才能够获得这次升职的机会。是你们的帮助，指引了我前进的方向，让我能够不断超越自我，追逐梦想的脚步。

在这个团结而充满活力的团队中，我感受到了无尽的力量和温暖。每一次的合作，都是一次灵感的碰撞；每一次的交流，都是一次智慧的交融。是你们的全力配合和默默付出，让我能够在工作中不断成长，收获了无数的成功和喜悦。

升职只是一个起点，更是一种责任和使命。我深知，这次升职是对我过去努力的肯定，更是对我未来发展的期许。我将倍加珍惜这次机会，不辜负领导和同事们的期望，努力学习和提升自己，为公司的发展贡献更多的力量。

让我们共同举杯，为公司的繁荣干杯！也祝愿我们的团队更加强大，让我们共同创造更加辉煌的明天！

祝酒词佳句

升职人员经典祝酒词

1. 我今天能有这样的成绩，离不开各位领导对我的栽培。我今后会更加努力前行，做出更好的业绩。
2. 我今天的升职也是各位同事鼎力相助的结果，我在此也祝愿大家的事业越来越顺利。
3. 很幸运我能加入咱们的大家庭，在这段时间的工作中，我真正感受到了团结就是力量。团队合作是创出佳绩的前提，将来我会在团队中发挥出更大的力量。

同事经典祝酒词

1. 恭喜升职，祝你今后的事业一帆风顺，节节高升；薪水一路高歌，频频上涨；生活幸福安乐，和和美美。
2. 真心祝贺你晋升成功，你的努力和付出我们都看在眼里，这都是你应得的回报，我们今后一起加油。

领导经典祝酒词

1. 你年轻有为，未来可期！希望你今后再接再厉，再创佳绩，还有机会往更高的地方走。
2. 理想带你进步，勤奋给你底气，才华让你高升。你的付出都是有回报的，祝你今后前程似锦，再展宏图！

2

离职聚餐祝酒词

离职聚餐活动可以让离职者与同事们进行最后的交流和告别。离职聚餐祝酒词要注意表达方式，可以使用一些委婉的表达方式，选择一些轻松愉快的话题，尤其要感谢同事们在工作中对自己的帮助。同时，也可以适当表达自己的离别之情。

范 文

活动：离职聚餐

致辞人：离职人员

亲爱的朋友们：

晚上好！今天我们聚在一起，是因为我即将要离开我们这个大家庭了。在这个特殊的时刻，我想借此机会向每一位朋友表达我最真挚的感激和祝福。

首先，我要感谢每一位在我工作期间给予我帮助和支持的同事。你们的耐心指导和无私奉献让我在这里度过了一段难忘的时光。无论是工作上的困难，还是生活中的烦恼，你们总是在我身边，给予我鼓励和支持。我真的很感激有你们的陪伴。

其次，我要感谢这个大家庭给予我成长的机会。在这里，我学到了很多宝贵的经验和知识，也结识了许多优秀的人才。你们拥有聪明才智和专业素养，一直是我学习的榜样。我相信，离开这里，我会带着这份宝贵的财富继续前行。

离别是一种成长，也是一个新的开始。尽管我即将离开，但我相信我们的友谊将会长久地持续下去。无论我们身在何处，我们都是朋友，永远的朋友。希望我们保持联系，共同见证彼此的成长和进步。

最后，让我们举杯共庆，祝愿每一位朋友在工作和生活中都能够取得更大的成就，获得更多的幸福。让我们一起笑着告别，迎接新的机遇和挑战！

谢谢大家！干杯！

祝酒词佳句

离职人员经典祝酒词

1. 感谢大家给我的帮助和支持，虽然我们相处的时间不长，但我体会到了团队带给我的温暖和感动。我今天的离开也是为明天的起点做准备，祝各位工作顺利，一切如意！
2. 我在这里得到了很大的进步和成长，在此期间，有欢笑、有泪水。虽然我暂时离开了，但希望以后常联系。
3. 在过去的日子里，我们一起奋斗，一起成长，每个人都在为团队的发展贡献自己的力量。我为我自己曾经是这个团队里的一员而感到骄傲。
4. 虽然离别是伤感的，但我相信团队会变得更好。我衷心地祝愿公司蓬勃发展，祝每位同事都能实现自己的梦想。

3

团队庆功宴祝酒词

团队庆功宴通常用于庆祝团队的业绩，分享成功的喜悦心情，肯定团队为成功付出的努力。这类祝酒词中首先需要介绍举办庆功宴的原因，以及大家努力的过程，其次要庆祝成功，然后要展望未来，振奋士气。

范文

活动：项目庆功宴

致辞人：团队领导

尊敬的各位领导，各位同事：

大家晚上好！

今天我们在这里举办庆功宴，共同庆祝五一黄金周促销活动取得卓越的业绩。

在这次项目中，从市场调研、策划推广到售后服务等多个环节，团队的每一位成员都付出了巨大的努力。这次活动成功的背后，离不开大家强大的团队精神、快速反应的能力以及细致入微的工作态度。

在这次销售过程中，我们也积累了很多宝贵的经验，吸取了深刻的教训，这些都变成了我们未来发展的巨大财富。我们一定要始终保持谦虚与进取的学习态度，不断提高自己的专业技能，为公司的未来发展提供有力的支持。

在这个庆功宴上，我想特别强调团队合作的重要性。在这次合作过程中，我们成立了一个高效的小组，成员来自不同的部门，大家紧密合作、相互协作，共同攻克了一个又一个难关，让这次促销活动最终取得了圆满成功。

我们的团队就像一支配合默契的乐队，每个人都在自己的岗位上发挥着自己的专长，共同奏响了一曲壮丽的乐章，并在激烈的市场竞争中崭露头角！

最后，我代表公司向大家表示真诚的感谢，也希望大家在以后的工作中，继续发扬团队精神，奋发进取，不断创新，保持激情，共同推动公司取得更加卓越的成绩！

来！让我们共同举杯，为公司的明天干杯！为大家的明天干杯！

祝酒词佳句

领导经典祝酒词

1. 回望____年，我们有太多的感动和故事。亲爱的朋友们，今年的努力终有果，来年我们再来摆庆功宴，好不好？
2. 在这难忘的时刻，我祝愿各位团队精英乘风破浪、万事顺意，带着满身的荣誉和骄傲，再创佳绩！
3. 在今天这个庆功宴上，我仍然能看到你们加班时的样子。做这个项目是我们这段时间以来最艰辛的日子，你们的敬业精神深深打动了我，今夜你们都是团队的英雄！
4. 我们务必要发挥更加强大的团队精神，用更加充盈的热情、更加卓越的能力和更加坚定的意志来迎接将来更大的挑战。我相信你们！
5. 我们在过去____个月的时间里创造了奇迹，我为你们突出的业绩感到骄傲，我为有这样优秀的员工而感到自豪！

团队成员经典祝酒词

1. 今天我们齐聚一堂，都是为了庆贺我们团队终于收获了丰硕的果实。我们要举杯为自己喝彩，为公司美好的明天干杯！
2. 我们现在获得的成绩说明我们的能力不止于此，未来我们会有更大的突破。让我们携手并进，打造更加优秀的团队。
3. 作为老员工，我相信我们的团队未来会越来越好，相信大家都会为公司的发展贡献出自己的那一分力。让我们一起为公司的未来而努力吧！
4. 感谢领导的正确指挥和明智决策，感谢领导始终对我们抱有信心，支持我们的工作，并给予我们关怀和鼓励。

2

天下没有不散的宴席，感恩遇见你们，以后江湖再见。

这一别，不知何日再相见，祝你前程似锦，步步高升。

3

公司能取得这么大的成就，感谢大家的辛勤付出。

感谢领导给我们这个机会和公司一同成长。

4

宴请领导祝酒词

宴请领导的祝酒词，要通俗简练，点到为止。开场白要简明扼要、直截了当，切忌太心急，要循序渐进，不然会有溜须拍马之嫌。祝酒词里还要表示感谢和联络感情，把话说到对方心坎里，拉近彼此之间的情感距离。

范文

活动：宴请领导的宴会

致辞人：下属

尊敬的领导，同事们：

大家好！

今天，非常荣幸地请到了____总。我提议，大家举杯先敬领导一杯！

敬领导呢，主要有三个想法：第一个是和您相处时间长了，一直想跟您好好喝一杯，叙叙旧。这不但是我的心愿，在座的各位同事也都是这么想的！

这第二个呢，就是您这几年来，对我们这些兄弟们无论是工作上还是生活上都有很多照顾，让我们每个人都取得了很大进步。今天正好借这个机会，好好对您表示感谢！

第三个呢，则是希望您身体健康、阖家欢乐！

我提议，大家一起举杯，希望领导继续带领咱们再创佳绩！我干了，领导，您随意！

祝酒词佳句

下属经典祝酒词

1. ______总，我经常听同事们讲您的故事，您无论是在工作上，还是在个人魅力上，都能够让我学到很多。我真的是太崇拜您了，希望您以后多多赐教。
2. 领导工作辛苦了，我先敬______总一杯，感谢______总平时对我的关照。我先干为敬，您随意。
3. 很荣幸有机会跟领导一起吃饭，祝您身体健康、事业顺利、步步高升！
4. 领导日夜操劳辛苦了，跟着您做事是我们的福气。请领导放心，我们一定会更加努力地工作，不让您操心，也不会辜负您的期望。
5. 自从您来到我们部门以后，我感到自己进步特别大。我相信在领导的带领下，我们部门一定会越做越好。
6. ______总，我再敬您一杯。您的这杯我替您一并喝了，您少喝点，明天还要带着我们干大事呢。
7. 您总是给予我们下属无限的关怀，在这里，我怀着崇敬的心举杯，祝您过尽千帆，心想事成！

迎接新领导祝酒词

在迎接新领导的聚餐会上致祝酒词，首先要简单介绍自己，态度要谦卑，给新领导留下一个不失礼数又务实的好印象；其次要简单介绍团队，让新领导对即将接手的新团队有一个初步的了解。言辞要真诚，有分寸感，避免过度夸张或过分恭维。

范 文

活动：欢迎新领导聚餐会

致辞人：员工代表

尊敬的各位领导，各位同事：

大家好！今天，我们欢聚一堂，共同迎接新领导的到来。我作为一名员工，非常荣幸能够在这个特殊的时刻，代表全体同事向新领导表示最热烈的欢迎和最衷心的祝贺！

作为一个企业的中坚力量，我们每一个人都期待着新领导为公司的发展带来新的想法和新的思路。我们相信，公司未来的每一步都将更加精彩。

随着新领导的到来，我也想借此机会向大家分享一下我自己的故事。从入职到现在，我一直觉得我们公司是一个充满活力和机遇的地方。公司给我提供了很多学习和成长的机会，这个团队在向我提出更高的要求的同时，也让我看到了更广阔的世界。我始终认为这个团队优秀的文化和自强不息的精神，是我与公司共同成长的关键因素。

我们团队的每一位成员都是优秀的，都有着团结协作的精神和顽强拼搏的意志。我们将紧密团结在一起，共同努力，为实现公司的发展目标而奋斗。我们相信，在新领导的带领下，我们的团队将凝聚更大的力量，迸发出更加强大的创造力和生命力。我们也希望新领导能够带领我们更好地前进，让公司成为行业的领跑者，为大家创造更好的发展机会和福利待遇。

最后，让我们共同举杯，为新领导的到来干杯！我们所有人都将全力支持您的工作，与您共同创造一个更加美好的明天！

谢谢大家！

祝酒词佳句

员工经典祝酒词

1. 今天很荣幸认识您，还望以后多多关照。听您一席话，胜读十年书，感谢您让我受益匪浅。
2. 您的到来给我们的团队指明了新的方向，注入了新的活力。我相信，今后我们将会在您的带领下取得更加耀眼的成绩。
3. 您拥有带领团队的丰富经验和强大的能力，这些将成为我们团队成功的关键因素。而且您的领导风格我们都非常喜欢，我们都很期待您的领导。
4. 我来给您介绍一下我们的团队：在过去的一年里，我们的团队攻坚克难，紧紧围绕“______”的工作思路，迎难而上，顽强拼搏，屡创佳绩。
5. 感谢领导能来带领我们团队，为我们增辉添彩。我在这里代表所有员工，祝领导的事业步步攀升，一帆风顺！
6. 今天是新领导的欢迎宴，我借这个机会敬领导一杯，祝领导青云直上！
7. 我向新领导表示最诚挚的敬意，我相信您带来的新视角一定会为我们的工作开启新的篇章，我对能跟新领导共事而深感荣幸。

①

今天很荣幸能跟领导一起吃饭，希望领导工作顺利，身体健康！

多谢！也祝大家事业有成，家庭幸福！

②

我工作上有很多不懂的地方，多亏领导对我的帮助。今天难得有这个机会，感谢领导的栽培。

你工作很努力。希望你日后不断进步，再接再厉。

③

我们热烈欢迎您加入我们这个大家庭。

我希望能和公司全体同事携手并肩，同心同德，共创辉煌。

④

在您的带领下，我们将迸发出更强大的创造力。
谢谢同事们，让我们携起手来，为公司创造更大的辉煌。

第七章

社交聚会——广交朋友，拓展交际圈

1

老乡会祝酒词

老乡会祝酒词需要阐述老乡会的由来，让远在他乡的游子感受老乡之间的亲情和友情，同时要共同分享生活中的琐碎和欢乐，倾诉工作生活中的感受，排遣孤寂的情绪，最后表达祝福。

范 文

活动：老乡会

致辞人：老乡会发起人

各位老乡：

大家好！

今天大家在百忙之中赶来，带着浓浓的乡音乡情，在这里欢聚一堂，对此，我表示热烈的欢迎和衷心的感谢！

今天这样一个特殊的日子，是我们共同期盼、酝酿已久的，____老乡聚会在年末岁尾的今天终于实现了，刚下完的一场瑞雪更是增添了此次聚会的新意，以及我们对家乡的思念。

参天之树，必有其根；环山之水，必有其源。因为同一方水土养育了我们，所以在座的我们有缘成了老乡，我们彼此之间都成了互相信任、互相依靠、互相帮助的朋友。

时代在发展，社会在进步，人与人之间的联系和交往更加紧密、更加广泛，任何人都不可能孤立于社会之外。作为老乡，我们更应该多关心、多联系、多沟通。同时，真诚地希望各位老乡不论从事什么工作，都要志存高远，发愤图强，努力工作，为家乡添彩，为父老乡亲争光！

水是家乡美，月是故乡明；游子千里梦，依依桑梓情。故乡养育了我们，对故乡我们都有着一种特殊的感情。平日里大家的工作都比较繁忙，见面机会也比较少，今天利用老乡会的机会，见见面，叙叙旧，老乡感情也就加深了。

最后，薄酒一杯，祝老乡们身体健康、工作顺利、万事如意！

祝酒词佳句

老乡会发起人经典祝酒词

1. 在这个陌生的城市、陌生的人群里，我们凭着最纯真、最朴实、最浓厚的乡情汇聚在一起。
2. 让我们一起回到过去，回到那个我们曾经生活的地方——乡音未改，乡情常在。在这个特别的日子里，让我们共同分享欢乐和温馨。
3. 祝福家乡的父老乡亲不断告别贫困，走向富裕繁荣；祝福所有在座的老乡们，事业有成，家庭幸福。
4. 我们带着浓浓的乡音和乡情欢聚在一起，我们彼此之间互相帮助、互相依靠。同乡之情是连接你我的纽带，希望我们能长久地将这份情谊延续下去。
5. 我们对故乡都有着深厚的感情，我真诚地希望老乡们不论身在何处，从事什么工作，都要为家乡添彩，为家乡争光。
6. 虽然我们相见很难，但我相信，只要我们再次相聚，就算是三杯两盏清茶，也能让我们的老乡情变得更加坚固。

1
今天咱们老乡齐聚一堂，叙叙家乡情，说说家乡话。
多年没见，我祝大家家庭和睦、身体安康、事业有成、万事大吉！

2
老乡，你是我们的骄傲。在外打拼，要学会照顾自己啊。
谢谢！也祝你们一帆风顺，一切顺利。

3
月是故乡明，人是故乡亲。只要听到一句家乡话，立马就不再陌生了。
那咱们以后要多联系、多走动、多关照。

4
咱们都来自同一个地方，本应亲如一家。今天见到大家，真有找到根的感觉。
希望各位兄弟今后互相提携，互相帮助，各展所长，相得益彰。

2

相亲联谊会祝酒词

人们参加相亲联谊会的目的是为了寻找真爱，组建家庭，因此这类祝酒词里首先要赞美爱情，其次要鼓励、劝导在座的单身青年男女积极主动地沟通交流，在结尾的时候要表达一下对来宾的美好祝福和期待。

范文

活动：相亲联谊会

致辞人：主持人

各位朋友：

大家好！

在新春佳节即将到来之际，我们相聚在______，举办这场大型的相亲交友联谊会。在此，我谨代表______，对大家的到来表示热烈的欢迎！

随着人们生活、学习、工作节奏的加快，人与人之间直接交流、沟通情感的时间逐步减少，择偶的机会也随之减少，适龄青年择偶难的问题日益突显，这已成为当今社会的一个重要问题。

相亲联谊会的举行，不仅为各位青年朋友搭建了一个拓宽交际圈、展示自我、结交朋友的平台，为有情人提供了一个相识、相知的机会，同时也为助推社会安定、成就美满姻缘、创建和谐家庭做出了积极贡献！

邂逅一次浪漫，相约一份真爱！希望在座的各位青年朋友敞开心扉，绽放激情，收获爱情！请大家在爱的舞台上大胆展示自我，在沟通与交流中增进友谊，在加深与了解中收获真情，让青春更加灿烂飞扬，让生活更加美丽动人，让爱情更加幸福甜蜜！

最后，衷心祝愿有情人终成眷属，相伴一生，快乐一生！为早日能够吃到在座的各位的喜糖，干杯！

祝酒词佳句

主持人经典祝酒词

1. 于千万年之中，时间荒芜的岁月里，没有早一步，也没有晚一步；于千万人之中，碰巧遇见，与其牵手，珍惜彼此，成就一世情缘。
2. 希望各位单身青年珍惜这次机会，广交朋友，加强交流，播下爱情的种子，唱响心中旋律，勇敢大胆地迈出一步，迎接幸福，找到合适的另一半！
3. 在这美好的时刻，我们要祝福大家能够在这里收获友情、拥抱爱情，愿友谊地久天长，愿有情人终成眷属！
4. 今天我们相聚在联谊会，这是一个能让各位互相了解的平台。大家可以在这里结识更多的朋友，也许你下一个认识的人就是相伴一生的人。
5. 祈愿月老能为你驻足，请单身的朋友们打开爱情的枷锁，尽情表达自己的感受，用自己的真心换真情。
6. 每个人都有追求幸福的权利，希望你们能在这个美丽的季节遇到对的人，然后携手奔赴属于你们的那段情缘。

3

社团聚餐祝酒词

社团聚餐会上的祝酒词一般以介绍社团、宣传社团活动等内容为主，首先要对社团及社团文化有一个简单的介绍，然后回顾过去一年的工作经历或感受，最后可以提出建议或表达期望。

范 文

活动：摄影协会聚餐会

致辞人：协会负责人

各位______摄影协会的朋友：

大家好！

在这热情似火、生机勃勃的美好时节，______摄影协会今天终于宣告成立了。我谨代表协会向在座的各位社团成员表示最衷心的祝贺！

我市历史悠久、人杰地灵，有“______”“______”之称，山水风光秀丽，生活环境优美，物产资源丰富，人民热情纯朴，拥有得天独厚的自然优势和人文优势。这些优势，为摄影创作，为广大摄影人，提供了取之不尽、用之不竭的丰富素材。

摄影是真实记录现代社会、真诚表现现实生活的艺术。尤其是在当今这个全民摄影的时代，摄影肩负着更重大的使命，拥有更加广阔的发挥空间。

我们欣喜地看到，生活在这片大地上的摄影家们，用镜头记录火热生活，用镜头传播乡土文化，用镜头讴歌顽强生命，创作出了许多优秀的摄影作品，为神州大地乃至世界各地的人们展现了一幅幅生动而精彩绝伦的画面！

______摄影协会正是在这样的背景下应运而生，它的出现一定会在更广阔的层面上推进我市摄影事业的发展，也一定会带来更加震憾人心的摄影作品！

我们衷心期盼，______摄影协会越办越好。让我们为了______摄影协会的美好明天，干杯！

祝酒词佳句

社团负责人经典祝酒词

1. 细数我加入______协会的时光，在感受着工作的新鲜与烦琐的同时，更多地感受到了自己与社团的共同成长，感受到了工作中那一份与日俱增的真挚感情。
2. 社团的发展靠大家，在今后的工作中，我们要围绕社团的工作重心，打造社团品牌活动，努力创新，锐意进取。
3. 在社团这个大家庭里，我们不仅能互相学习，共同进步，还能互相分享喜悦和忧愁。在社团里，我们不只收获了友情，还收获了各种宝贵的经验和知识。
4. 我要感谢社团里的各位成员，正是你们在社团里发光发热，才促成了我们这个优秀社团的诞生。
5. 正是这样一个优秀的社团，齐聚了各个专业的学长学姐和学弟学妹，让我们从素未谋面走到相识相知。我祝大家在这个社团里继续实现自己的梦想和价值。
6. 让我们举杯，庆祝我们得到的成长，庆祝我们享受的快乐，庆祝我们的社团越办越好！

4

俱乐部活动祝酒词

俱乐部举办各种主题活动是为了宣传推广俱乐部，吸引更多的会员参加，因此在活动宴会上的祝酒词中可以对主营业务或者服务宗旨做一个简单的介绍，还要介绍俱乐部活动的主题、俱乐部的发展历程。

范文

活动：书友俱乐部活动

致辞人：俱乐部负责人

各位来宾，各位朋友：

大家好！

今天是______书友俱乐部举办的第三期活动，我代表______俱乐部全体成员向各位远道而来的朋友表示热烈的欢迎和衷心的感谢！

______书友俱乐部自____年____月____日成立以来，秉承“____________”的宗旨，以“______________________________”为宣传口号，旨在为大家在物欲横流的社会里营造一处清幽之地。

目前______书友俱乐部拥有地产界、影视界、图书出版界、媒体界、学术界等优势资源，致力于实现朋友们信息交流、情感传递、追随智慧、共谋未来的伟大理想。

______书友俱乐部的良性发展，离不开各方的大力支持。借这次活动的机会，我要特别感谢一下______社的创始人之一______先生，是他给我们提供了这个优雅的环境。今天活动现场也来了很多______社的朋友，再次欢迎你们的到来！

______书友俱乐部本期活动的主题是__________。我们特邀______老师和大家分享他的感悟和营销智慧。______老师是______大学的客座教授，从事国学研究近____年，不但学识渊博，营销知识也很丰富，相信大家一定收获满满。再次感谢______老师到来！

最后，让我们举起酒杯，共祝______书友俱乐部越办越好。干杯！

祝酒词佳句

俱乐部负责人经典祝酒词

1. 欢迎各位会员来参加活动，我们持续优化服务和权益平台，为______俱乐部会员及客户提供一对一投资咨询、专属定制权益及私享产品等专属服务。
2. 短暂的半年，我们迅速成长，从几个人发展到今天的______人。现在俱乐部已经凝聚了许多骨干成员，形成了一个和谐开放的格局，许多活动都具有很高的自由度和包容度。
3. 我们从初期的线上服务发展到线下的欢聚，依靠的是会员们一点一滴的构建。俱乐部能做到如今的规模，离不开全体会员的努力。俱乐部将继续努力打造属于我们的理想乐园。
4. 感谢各位会员对俱乐部的发展做出的贡献，我在这里祝愿各位会员事业顺利、生活如意！

5

单身群聚会祝酒词

单身群聚会旨在让单身人士结识新朋友、扩大社交圈，并有机会找到潜在的伴侣。这类祝酒词中可以表达对单身生活的积极态度，鼓励大家积极参与活动。另外，祝酒词中可以适当加入一些幽默和风趣的元素，但要避免涉及过于私人的话题。

范文

活动：单身群聚会

致辞人：聚会发起人

亲爱的朋友们：

大家好！欢迎来到我们的单身群聚会！今天我们聚在一起，就是要改变大家的传统观念：单身并不是一件孤独的事情，而是一个充满机会和自由的阶段。

首先，让我们感谢这个伟大的时代，我们不再被固定的关系束缚，而是能够自由地探索，享受单身的乐趣。就像一位智者曾经说过：“单身是一种状态，而不是缺陷！”

今天，我们聚集在这里，不仅是为了寻找真爱，也是为了结识更多志同道合的朋友。在这里，我们可以畅所欲言，分享彼此的单身奇遇。也许你会在这里找到那个特别的人，或者找到一群志趣相投的伙伴，一起度过精彩的单身时光！

让我们举杯庆祝那些曾经失败的约会，因为它让我们更加坚信，真爱是值得等待的！让我们举杯庆祝那些尴尬的相亲经历，因为它让我们更加珍惜自己的独立和自由！让我们举杯庆祝那些单身的日子，因为它让我们有了更多的时间和精力去追寻自己的梦想！

在这个单身群聚会中，让我们相互支持，相互鼓励。无论你是刚刚踏入单身的大门，还是已经在单身的路上行走多年，我们都是彼此最好的伙伴。让我们一起笑对单身的挑战，一起享受单身的自由，一起创造属于我们自己的精彩故事！

最后，让我们举起酒杯，愿我们在这里找到真爱，找到友谊，找到属于自己的幸福！干杯！

祝酒词佳句

单身群聚会发起人经典祝酒词

1. 今天我们这些单身人士聚在一起，是为了庆祝我们的单身生活，祝愿我们能够享受独立和自由，让我们更加热爱生活，继续追求快乐。
2. 在这里，我也鼓励大家大胆尝试，结交新朋友，编织更大的社交网络。也许在不经意间，你会找到心仪的那个人。
3. 单身并不意味着孤独，反而意味着我们有更多的机会去追梦，希望我们都能拥有美好的每一天。
4. 感谢这个聚会让我们相遇、相识，让我们一起举杯庆祝我们的单身状态，希望我们能在彼此的陪伴中迎来新的成长和更美好的未来。
5. 让我们放下所有压力和烦恼，在这里没人在乎你为什么单身，没人催着你结婚。快来享受眼前的愉悦和幸福吧！

1

单身群聚会
你知道为什么单身群聚会上的人总是那么开心吗?
为什么呀?

2

单身群聚会
因为他们终于找到了一个地方，不用担心被人问“有对象了吗”。
哈哈哈……

3

小王，你刚来，介绍一下自己吧。
本人目前健康状况良好，各个部位都运转正常，长相适中，做老公最合适。

4

说说你的优势。
我待人热情又真诚，不包括我的情敌。我是老婆最好的出气筒，只限两个人的时候。

第八章

商务活动——有礼有节才有好印象

1 客户答谢会祝酒词

客户答谢会旨在感谢客户的支持和信任，从而让客户感受到他们的重要性和价值，让企业与客户之间建立和巩固关系。这类祝酒词首先要回顾公司取得的业绩或成就，其次要感恩新老客户，并在结尾宣布来年的计划和回馈活动。

范 文

活动：保险公司客户答谢会

致辞人：客户服务部负责人

尊敬的各位来宾，女士们、先生们，朋友们：

大家好！

今天非常有幸邀请到多年来一直关心、信任我们的新老客户和朋友，来参加我们的新春答谢会。作为客户服务部的负责人，首先请允许我代表______保险公司，对各位朋友的光临表示热烈的欢迎，对大家长久以来的支持表示衷心的感谢！

______保险公司在广大客户的关怀和支持下，已经走过了______个年头。______年来，我们风雨兼程，不断发展壮大，现在，总资产已经突破______亿元，稳步迈入中国大中型保险公司行列，同时也取得了不少令行业内外人士瞩目的成绩。

我们每一个保险业务员，刚刚进入这个行业的时候都会遇到很多困难，都会感到迷茫，但我们谁都忘不了自己签下的第一张保单，忘不了每一个客户信任的眼神。正是大家的信任和支持让我们一步一步走到今天，是每一位朋友真诚的鼓励和期许让我们不断努力，去实现我们事业上的追求和梦想！再次谢谢你们！

新的一年，新的起点，面对更加复杂的市场环境，我代表______保险公司全体员工郑重承诺：我们将会提供更好的保险产品，更优质的保险服务给每一位客户，期望我们能够共同赢在__年！

朋友们，让我们举起酒杯，感谢各位的厚爱和支持！祝大家身体健康、新春快乐！

祝酒词佳句

公司负责人经典祝酒词

1. 感谢您今天来捧场，您是我们最尊贵的客户，我们的合作一直非常成功。在新的一年里，我们会继续努力提高客户满意度。
2. 您需要什么？反感什么？喜欢什么？请随时让我知道。预祝我们合作愉快！
3. 为了答谢一直以来关注和支持公司发展的各位客户，公司特在此举办客户答谢会，向给予我们支持的客户朋友们表达感恩之情。
4. 借此机会，我代表公司郑重承诺：未来，我们会一如既往地向客户提供最优质、最专业的服务，以拳拳之心回报各位长期以来的信任和支持。
5. 会当凌绝顶，一览众山小。新的征程，我们意气风发、豪情满怀。有广大新老客户的鼎力支持和全体员工的共同努力，________公司的前景一定会更加美好。
6. ____年，我们将继续以________的服务和工作态度，为各位客户提供更好的服务。期望____年我们能够跟在座的朋友共创辉煌。

展览会开幕晚宴祝酒词

展览会一般分为综合展览会和专业展览会两种。展览会的祝酒词需要介绍展会内容和主题，特别是以宣传和销售为目的展览会，要着重宣传企业产品或服务，以塑造企业形象。此外，要强调交流与合作，充分表现真诚寻求合作的态度。

范文

活动：科技展览会开幕晚宴

致辞人：主办方代表

尊敬的各位来宾，女士们、先生们：

大家晚上好！

______科技展览会，今天开幕了！今晚，我们很荣幸有机会与社会各界的朋友们欢聚一堂。我谨代表______对各位朋友的光临表示热烈的欢迎和衷心的感谢！

本届展览会将集中展示具有国际水准的各类科技产品及生产设备，为来自全国各地的科技人员提供一次不出国的技术考察机会，也为海内外同行共同切磋技艺创造条件。

我相信，展览会在推动这一领域的技术进步以及经济贸易的发展方面将起到积极作用。希望每一位朋友都能抓住机会，参与其中，施展才干，创建业绩，赢得未来。

八方宾客因盛会而欢聚，四海朋友为商机而到来。今晚，我们真诚地希望大家广交朋友，寻求合作，共同度过一个愉快的夜晚。

最后，请大家举杯，为本届展览会的圆满成功，干杯！

祝酒词佳句

主办方负责人经典祝酒词

1. 本届______博览会以“______”为主题，以“____________”为特色，集中展示______产业发展成果。
2. 我们真诚地希望国内外朋友和客商朋友通过这次活动，找到自己理想的合作对象，放心投资，安心创业，舒心盈利，共同发展。
3. 本次______国际展览会的盛大开幕意味着一个新的开始，也是一个全新的起点。我们希望这次展览会，能够给各企业提供一个深化国际合作、促进技术交流的机会。
4. 相信通过本届展览会，我们能为各企业搭建合作的桥梁，帮助各企业找到更多的商业机会，促进贸易往来，构建更加美好的未来。
5. 今晚，各位企业家在这里欢聚一堂，我希望各位同行能够广交朋友，寻求合作，共同度过一段愉快的时光。
6. 让我们携手同心，共同把______展览会办得更好，办得更有特色，办得更有成效，在______领域合作中发挥更大的作用。

①

感谢您过去一年对我们公司的支持，希望来年能与贵公司继续合作。
我们很荣幸能和贵公司一起发展，希望来年合作愉快。

②

没有贵公司的支持，就没有我们的成长。希望今后我们能互相信任，彼此支持。
祝愿贵公司生意红红火火，业绩节节高升！

③

展览会开幕
感谢您光临我们的招待晚宴，希望您能度过一个愉快的夜晚。
很高兴能在这里和大家一起交流，预祝展览会圆满成功！

④

展览会开幕
相信您通过这届展览会，能够获得更多的商业机会，找到更多的合作伙伴。
感谢展览会给我们搭建了合作的桥梁。大家都会有所收获。

3

公司年会祝酒词

在公司年会上，领导的祝酒词要先向员工表达谢意，感谢大家在过去一年里的付出，然后回顾过去，再展望未来，说些员工能体会到的小目标，给大家带去更大的信心和希望。讲话时最好风趣幽默，注意不要打官腔、画大饼。

范 文

活动：公司年会

致辞人：公司领导

尊敬的各位领导、各位来宾、各位同事：

大家好！

回顾刚刚过去的____年，对我们来说是不平凡的一年。一年来，我们公司的各个部门都取得了耀眼的成绩，业务上有了新的突破，销售额比去年整整翻了一倍！

这一切都得益于大家勤恳务实的态度，得益于大家精益求精的匠心精神，得益于大家高效的工作方法，得益于大家忠诚合作的团队精神。我知道，很多时候，大家遇到的困难的程度，是超乎我们想象的。在此，我代表公司向你们说一声：谢谢，谢谢你们的努力和坚持！

____年，我们的任务将更加繁重，但这也是我们创造辉煌的又一个新起点！我们将为实现下一个目标而继续奋斗！在新的一年里，衷心地希望大家继续发扬迎难而上、开拓进取的精神，执行公司制定的各项政策，再接再厉，为推进公司发展再上新台阶做出新的、更大的贡献！

回顾过去，我们感到自豪；展望未来，我们满怀信心。新的一年里，有大家一如既往的努力和支持，我们的事业一定会蓬勃发展！

下面，我提议，为大家的身体健康、工作顺利，为我们明年再上新台阶，干杯！

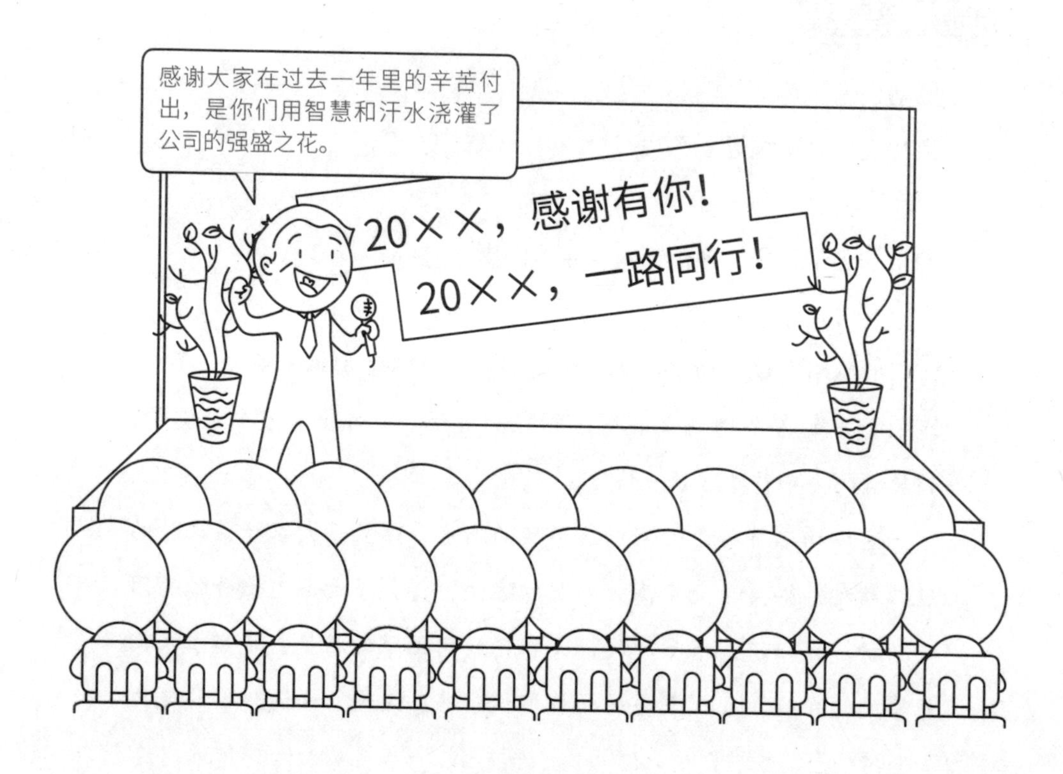

祝酒词佳句

领导经典祝酒词

1. 感谢大家一直以来对我的支持、信任和包容。在过去的一年里，我们并肩作战，勇往直前。希望来年我们上下一心，共创辉煌！
2. 喜悦伴随汗水，成功伴随艰辛。我们不知不觉走进了____年的尾声。回望今年，尽管曲折，但公司仍站到了更高的平台上。我相信____年公司一定会更加强盛。
3. 雄关漫道真如铁，而今迈步从头越。让我们以自强不息的精神、团结拼搏的斗志，去创造新的辉煌业绩。新的一年，让我们携起手来，去创造美好的未来！
4. 刚刚过去的一年，广大员工团结奋进，埋头苦干，各个部门都取得了突出的成就。这得益于我们有一支尽心竭力、兢兢业业的团队。
5. 新的一年是充满机遇和挑战的一年，在千帆竞发、百舸争流的市场大潮中，我们公司同样面临着诸多机遇和挑战，希望大家团结一致，再接再厉。
6. ____年，公司的发展速度要超越____年，效益要超越____年。实现这个目标，需要我们所有人的努力。公司会尽力为大家提供完善的条件，让大家发挥更大的才能。

4

工作会议晚宴祝酒词

工作会议晚宴上的祝酒词，最主要的内容就是回顾工作会议的内容，为其做一个简单的小结，还需要说一说对工作会议召开的所得所思，并表达决心和美好愿景，最后要对合作单位或部门表达感谢。

范文

活动：工作会议晚宴

致辞人：单位领导

尊敬的各位领导，同志们，朋友们：

经过一天紧张的工作，__________工作会议已经圆满完成了各项议程，胜利闭会了。今天在这里举行晚宴，大家欢聚一堂，畅叙友谊，广交朋友，共谋合作大计。首先，我代表______对各位的到来表示热烈的欢迎，向一年来大家给予______的关心和支持表示衷心的感谢！

今天召开的__________工作会议，我们确定了主题，理清了工作思路，明确了重点任务，形成了基本共识。会议之后，各项筹备工作将全面展开。为此，我希望各部门再接再厉，在今后的工作中，加强沟通，密切合作，一如既往地实现会议的既定目标。

回顾过去，我们为共同努力取得的成就而自豪；展望未来，我们对抓住机遇、合作共赢、取得新的胜利充满信心。我们要借这次会议的东风，学习借鉴先进的工作经验，充分发挥自身的优势，进一步加强合作，力争如期实现“______”的目标，共创更加美好的明天！

最后，让我们共同举杯，为这次会议的圆满举办，为我们的友谊与合作，为各位领导和代表的身体健康、事业发达、家庭幸福，干杯！

祝酒词佳句

领导经典祝酒词

1. 这次会议回顾总结了去年的各项工作，深入分析了当前形势，全面部署了今年的工作安排，同时也为我们的工作提供了一个互相学习、交流经验、取长补短、共同进步的平台。
2. 我们将珍惜这次难得的机会，认真学习兄弟公司的成功做法、先进经验，努力开创____工作的新局面，绝不辜负总公司领导和兄弟公司同仁们的期望。
3. 我们的发展和进步，离不开在座的领导和同仁们的大力支持和关心。我们衷心地希望各位能经常来公司走一走、看一看，加深感情，增进交流，携手共进。
4. 希望大家按照这次会议的部署，结合自身实际，认真学习先进经验和做法，创造性地开展工作，确保圆满地完成各项工作任务。
5. 过去一年里，____工作取得了一定的成绩，这些是我们大家共同努力的结果，但我们在看到成绩的同时，也要清醒地看到自身的不足，及时改进，不断提高。
6. 使命在肩，催人奋进，让我们团结一心，开拓进取，求真务实，勤奋工作，为____的美好明天而不懈努力！

5

涉外商务宴请祝酒词

涉外商务宴会上的祝酒词，通常要通过介绍本地特色，展现自身的美好形象和文化，引发来宾的兴趣和好感，还要向外国友人表示感谢。除此之外，要注意两国礼仪和文化上的差异，比如尊重来宾的宗教、饮食习惯和文化背景，避免冒犯来宾或产生误会。

范文

活动：外商欢迎晚宴

致辞人：单位领导

尊敬的各位来宾，女士们、先生们：

陶醉于金秋的九月，呼吸着果实的芳香，沉浸于“稻花香里说丰年”的喜庆，今天我们很高兴迎来了____国____市访问团的各位友人。在此，我代表____设立晚宴，对各位远道而来的朋友表示热烈的欢迎和诚挚的问候！

____市拥有得天独厚的自然风光和丰富多样的文化遗产。在这里，您可以领略壮丽的山水之美，感受悠久的历史文化，品尝美味的当地小吃，体验独特的民俗风情。

自建市以来，____市依托丰富的资源优势，实施“____________ ____________”战略，使得以旅游业为主导产业的各项事业取得了飞速发展。

为了让世界更好地认识____市，我们始终坚持积极发展对外交流与合作，先后邀请了来自英国、法国、德国、澳大利亚等国的专家来我市考察，他们在我市旅游业的发展及加强环境保护方面提出了许多宝贵的意见。

请各位来宾转告你们的朋友，开放的____市欢迎来自五洲四海的友人。我们相信，互信就能“海内存知己”，合作将使“天涯若比邻”。

最后让我们一起为各位来宾，为我们的国际友人的身体健康、旅途愉快，干杯！愿____市的山水人情能给大家带来愉快的体验和美好的回忆。

祝酒词佳句

领导经典祝酒词

1. ____依山傍海，山、海、城浑然一体，红瓦、绿树、碧海、蓝天交相辉映，是一座独具特色的美丽的海滨城市。
2. 各位嘉宾的到来，给我们带来了暖流，带来了春风，带来了一片艳阳天，带来了一个姹紫嫣红的春天！
3. 作为一家不断成长的企业，我们深知沟通交流的重要性。今天的活动不仅是简单的商务交流，更是促进文化互鉴与友好合作的良机。
4. 希望在这里，您不仅能够感受到我们公司的诚意和热情，更能够感受到我们本土文化的独特魅力。
5. 希望各位嘉宾积极参与到讨论和交流当中，分享各自企业的经验和成功之道，关注并提出您在合作中的需求和期望。
6. 期待各位嘉宾能够深入了解我们公司，我们有着先进的技术和专业的团队，愿意为各位嘉宾提供高质量的产品和优质的服务。

①

公司是船，大家是一条船上的人。希望明年大家一起乘风破浪，扬帆起航。
感谢领导的支持和帮助，我们愿意与公司共成长。

②

过去一年，咱们两个部门精诚合作，来年也要互相帮助，互相支持啊！
合作愉快，共同进步。

③

感谢您百忙之中抽出时间来参加会议，希望您能给我们的工作多提宝贵意见。
很高兴能与大家交流、学习，预祝会议圆满成功。

④

我在这次会议上学到了不少成功的经验，感谢会议提供的机会。
感谢您的参与和支持，祝您身体健康，工作顺利。